身近な森の歩き方

鎮守の森探訪ガイド

社叢学会理事長
京都大学名誉教授・小幡神社宮司
上田正昭 監修

社叢学会副理事長
京都精華大学名誉教授
上田 篤・

社叢学会副理事長
元奈良女子大学教授
菅沼孝之・

社叢学会理事長
京都大学名誉教授・秩父神社宮司
薗田 稔 編著

文英堂

身近な森の歩き方●鎮守の森探訪ガイド

文英堂

身近な森の歩き方——鎮守の森探訪ガイド　目次

第3章

第4章

虫や鳥や獣を観察しよう●動物の顔　菅沼孝之／編……121

第5章

カミガミを感じよう●神々の顔　薗田　稔／編……151

まえがき

自然の破壊が進行し、地球の汚染が深刻化するなかで、鎮守《ちんじゅ》の森をはじめとする日本の森のありようが改めて注目されています。人類の平和と繁栄を構築するために、異文化の相互理解や多文化共存の社会の確立が要請されていますが、その大前提として自然と人間との共生が必要であることは多言するまでもありません。

自然を畏敬《いけい》し自然と調和してくらしをいとなんできた日本列島の祖先の歩みには、いまの私どもが学ぶべき多くの教訓が秘められています。日本もまた近代化のなかで開発を優先させて自然を破壊し、森を伐採する愚挙を繰り返してきましたが、しかしそれでもなお全国の各地に、鎮守の森や寺院の森あるいはウタキのモリなど、人間と共生してきた多くの森がいきつづいています。

そして、それらの多くの森は、たんなる自然ではありませんでした。たとえば鎮守の森の歴史と文化にはっきりとみいだされますように、鎮守の森はカミが降臨して鎮ります森であり、カミとヒトとがふれあうマツリの森であり、さらに人びとが集う寄合と自治の森でもありました。したがって鎮守の森は芸能などが演じられる文化の森ともなりました。動植物を含む自然と人間の共生のあるべき姿は、日本の多くの森に象徴されています。

平成十四年（二〇〇二）の五月二十六日に、鎮守の森をはじめとする日本の森を学際的に調査・研究し、その保全と拡充をはかることを目的とする社叢学会《しゃそう》がスタートしました。その社叢学会の企画にもとづいて、日本の森を再発見するためには、どのような観点から観察すればよいのか、またどのように考えて、どのように調査すればよいのか、その手引きとして編集されたのが本書です。

本書では日本の森とりわけ鎮守の森を中心として、六つの顔すなわち「土地の顔」「建築の顔」「植物の顔」「動物の顔」「神々の顔」「人間の顔」にそくしての「日本の森の見方・調べ方」を、二十九名の研究者がそれぞれの項目を分担執筆しています。日本の森のなかみがいかに多様であり、豊かな自然がどのように内包されているかを改めて実感します。動植物を含む自然の世界ばかりでなく、そこにはカミとヒトとのまじわりと日本の歴史と文化が反映されています。

この種の本はこれまでにありませんから、その編集にはかなりの苦心がありました。地球環境の悪化を憂い、日本の森の保存と拡充に関心のある方々が、この書を大いに活用して、日本の森をよみがえらせるのに寄与していただくことを期待します。

日本の多くの森はわれわれの祖先の英智と努力のなかで守り活かされてきました。そのことは近江国（滋賀県）の今堀郷《いまぼり》（八日市《ようかいち》市今堀町のあたり）と森の関係をみてもわかります。十五世紀に入りますと、今堀郷では今堀十禅師社《じゅうぜんじ》（日吉神社）の宮座（神主《かんぬし》・頭人《とうにん》・承仕《しょうじ》がその核となる）をつくって、ムラの森を保護する「定《さだめ》」を決定しています。

たとえば文安五年（一四四八）の「定」によれば、森林木苗をとると五百文、木を勝手に伐採した者は百文の罰金、文亀二年（一五〇二）の「定」では森の木の葉を手でとれば百文、鎌を使えば二百文、鉈《なた》を使えば三百文、鉞《まさかり》の場合は五百文の罰金、永正十七年（一五二〇）の「定」では、森を犯した罪を鉈・鎌は二百文、手で折ったおりは百文の罰金と規定しています。こうした例はほかにもあります。

日本の森の多くは放置されてきたが故に守られてきたのではありません。放置することと保護することとは異なります。放置しておけば森は荒れてゆくだけです。森に手を入れてその保全をはかり、森の拡充をはかることが必要です。森が荒廃すれば水と空気が汚れ、また川が荒れ海もまた汚染されます。「森は海の恋人」などといわれますのも、水と海と森は密接なつながりをもっているからです。火山列島ともよばれる日本列島の大部分は山地で占められ、しかもまわりを海で囲まれている文字どおりの島国です。その山と海の間に森・林・野と盆地、平野がひろがります。日本列島の人びとは、まさに海・山、そして海と山のあいだでくらしをいとなんできたといっても過言ではありません。それ故に日本の森は日本の歴史や文化と深いかかわりをもって過去から現在におよんでいます。そして、ある時は乱伐され、ある時は悪政のもとで荒廃しました。しかし、それでもなお森のいのちは現在に生きつづいています。

日本の森の調査によって、森の文明を自覚し、日本の過去と現在、そしてその未来をしっかりみきわめたいと願っています。

（上田正昭）

平成十五年四月

第1章

森を見つけよう
土地の顔

上田　篤 編

1 森を見つけよう

(1) 目に映る森

町の高いところを走る郊外電車から沿線の市街地を見下ろすと、濃い緑の塊がちらりと見えることがあります。四～五階建のビルやマンションが立ち並んでいるちょっとした隙間《すきま》にも、こんもり繁った樹木群が見えたりします。線路沿いの木々の間から、急傾斜の屋根や棟飾《むねかざ》り、鳥居などが見えると、それは間違いなく「神社の森」（鎮守《ちんじゅ》の森）であり、時にはお寺や古墳《こふん》・御陵などのつくる森であることがわかります。見慣れてくると、昔からあるそれらの森は、近代以降につくられた公園のパラパラ状の樹林群と識別できるようになるはずです。

しかし、地上に降り立つと、これらの森はふつうは建てづまった市街地のなかに隠れてしまいます。まるで視界からは消えてしまったかのようです。そこで地図の手助けを得ましょう。

(2) 地図で探す

ごくふつうの「五万分の一地形図」や「二万五〇〇〇分の一地形図」（ともに国土地理院発行）は山歩きの貴重な仲間ではありますが、神社境内地等の森の広がりを見つけるにはふさわしくありません。ここでいう森は社寺等の社地もしくは境内地を覆う森のことを言いますが、地図の上で面として表記されるのはよほど大きなものに限られます。地図上の一ミリが実際の五〇メートルに相当するのが五万分の一の縮尺ですから、たとえば一センチ角に描かれたものは五〇〇メートル四方の森ということになります。二万五〇〇〇分の一では一センチ角で一辺二五〇メートルというわけです。これに相当するような大きな広がりをもつ森は、丘陵地や山麓部などに立地している場合にはしばしば見かけられますが、平地では稀《まれ》にしか見当たりません。なお一つの市町村の行政域全域が入っている地図もありますが、これも大体二万五〇〇〇分の一から五万分の一ぐらいの縮尺のものが多いようです。

(3) 地名から類推する

鎮守の森は地名から類推することができます。

大都市を始めとする家の建てこんだ市街地は別ですが、少し郊外や田園地帯では「△△市〇〇町〇〇」というように市町村の次にくる〇〇という地名はたいてい大字《おおあざ》になっています。そしてこの大字には、鎮守の森が必ず一つあるといってよいのです。なぜなら大字は、その多くが江戸時代以前からの村で、江戸時代以前の村には必ず鎮守の森が一つあったからです。それらの村は明治二一年(一八八八)の市町村制により、より大きな村などに統合され、昭和戦後の市町村合併等によって、さらに大きな町や村に含まれてしまいましたが、それでも鎮守の森だけはほとんどなくならずに残っているからです。いいかえると鎮守の森は江戸時代以前の村のモニュメントなのです。

そこで市町村の総務課などへいって大字の数と名前を調べてみましょう。そうして先ほどの地図の上で探してみましょう。すると一つの大字には必ず一つの鎮守の森があることがわかります。

ただし明治二一年の市町村制で市または町になったところは、その時点で大字はなくなって「町丁目」制に移行したりしているケースがあり追求は困難ですが、しかしそのばあいも「町」などはかつての大字の機能を引き継ぎ、自治的な行政単位となっていますので、その「町」などの鎮守の森を捜すことはできます。そのばあいは一つの「町」が一つの鎮守の森に対応するのではなく、多数の「町」が一つの鎮守をもったりするケースが多いようです。

そのほか各都道府県に「神社庁」があります。これは第二次大戦後に宗教法人となった神社の結社ですが、ここで尋ねると宗教法人となっている神社の数と名前、所在地を市町村ごとに知ることができます。ここでも江戸時代以前の村の鎮守の森をほぼ拾うことができますが、「神社庁」に加盟していない神社もありますから注意してください。

(4) 大きな森と小さな森のばあい

ここでは、兵庫県西宮《にしのみや》市内の平地部に探索の場を設定して、「森探し」に出かけることにします。西宮は大阪と神戸の中間にあって、武庫《むこ》川が開いた平坦地に古くから豊かな農村地帯を形成してきた場所ですが、同時に山陽道と西国街道の集まる交通の要衝であり、瀬戸内海沿岸の要港でもあったことから、著名な酒造地としても発展した地域です。関西を中心に広がる戎《えびす》信仰の総本社で、一月はじめの「えべっさん」に多くの人を集める「西宮夷《えびす》神社」もしくは「西宮神社」が、ここに大きな境内地すなわち森を擁して立地している理由でもあります。

この森は二万五〇〇〇分の一の地形図でみても、はっきりと見分けられます。先述の「稀にしか見当たらない規模をもつ森」として一センチ角程度の大きさで描かれており、境内を囲む塀と建物の表示、針葉樹林の記号が二つ、そして神社名称が地図より読みとれます。西宮では、これより北方の丘陵部にある広田神社がよりいっそう大きな森を抱えており、古くから朝廷の信仰の厚い由緒のある神社とされています。そんなこともあって、この神社は「西宮」とも称され、地域の名前に転化していったという伝承もあります。

さて、西宮市は戦前・戦後を通じて、良質の住宅地として発展してきました。南側に開いた日当りのよい丘陵部から、三本の鉄道が東西に走る平地部まで、それぞれの土地が快適さと便利さを併せもち、そのなかで古

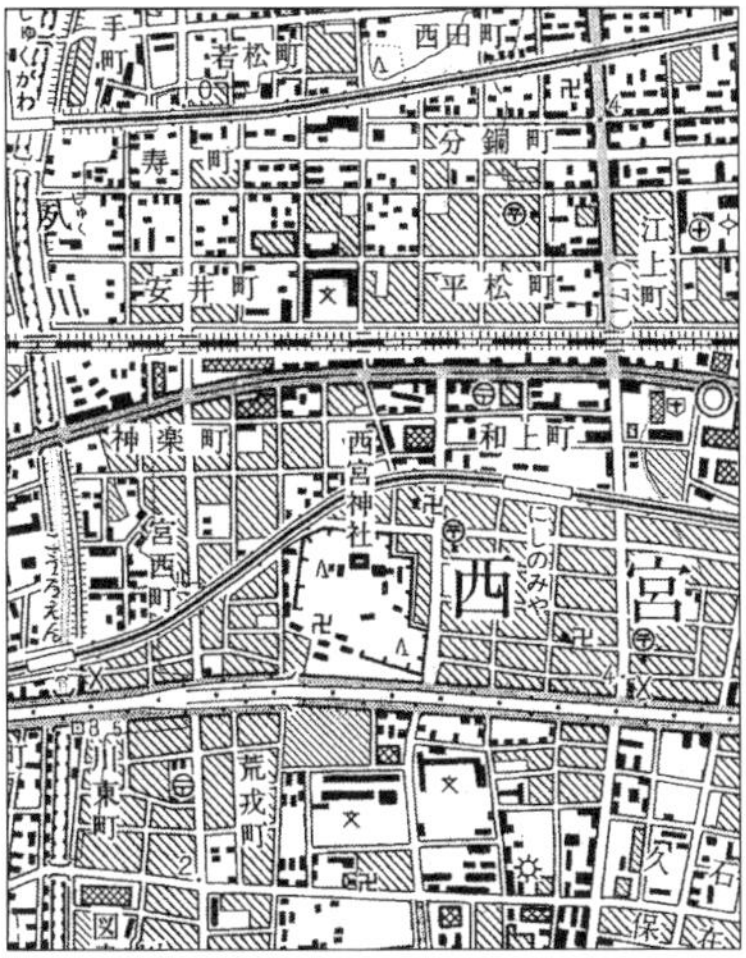

図1－1　2.5万分の1地形図（国土地理院発行）による西宮戎神社（中央部）（縮小）

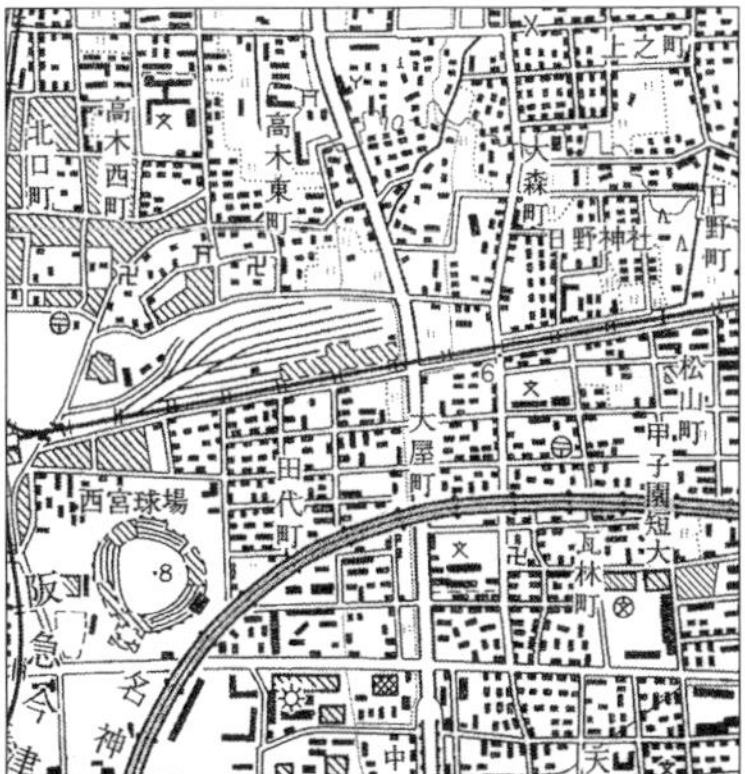

図1－2　同上地形図にみられる小社　鉄道（阪急）沿いに日野神社、その左上に神社記号がみえる（縮小）。

くからの農村集落は次第に住宅地に取り囲まれていきましたが、しかし農村集落とペアをなすことの多い森はなお各所に見られます。さきほどの二万五〇〇〇分の一地形図を眺めると、市内平坦部では三ヶ所に神社名の記入があり、また鳥居の記号で所在を示された神社が平地部で一〇ヶ所程度見出せます。前者については、森の形は不明だが参道の書き込みのあるもの一件、囲われた境内地を描いていると見えるもの一件、名称のみ記入のあるもの一件となっており、ついでに言えば、後者の鳥居型の地図記号や寺院の卍（まんじ）記号は込入った地図表現のなかで比較的見つけやすいことも確かです。小さくとも記号で記すという方法によって、実寸法からすればとても描き切れないような小さい森も、地図上に姿をあらわすことができるのです。このあたりは地図という図面のなかなか面白い性格です。

なお、各市町村の役場には、さきほどのべたそれぞれの地図（管内図）があり、国土地理院の地図より多少詳しいケースもありますから、これらを使うのもよいでしょう。

(5) 実際に歩いてみる

地図上で見つけた森は実際にはどのように見えてくるのでしょうか。さらに具体的に森に近づいていきたいわけですが、西宮の場合でいえば市街地のなかに隠れているものが多いように思われます。

まわりに農地が残っている「段上《だんじょう》若宮八幡神社」の場合には、近くまでやって来ると、小さいけれど独立した森が目に入ってきます（図1─3）。森が農村集落と共存していた時代には、このような風景があちこちに広がっていました。もちろん今でもこんなゆったりした環境のなかで生きつづけている森は各地にありますが、大都市の市街地ではなかなかお目にかかれないのが実状です。森がわれわれの眼に見えてくる風景は多様であるとともに、都市部市街地では、これを見つけるにはいくばくかの苦労も必要になるのかもしれません。

(6) いろいろな形で森は見えてくる

森の立ち上がりがあちこちに見渡せた時代には、森は、森に至る目印、あるいはその傍らにある集落に導いてくれるランドマーク（目印）の役目を果たしていました。そう思いながら現代の町を歩いてみると、意外に森が視野に入

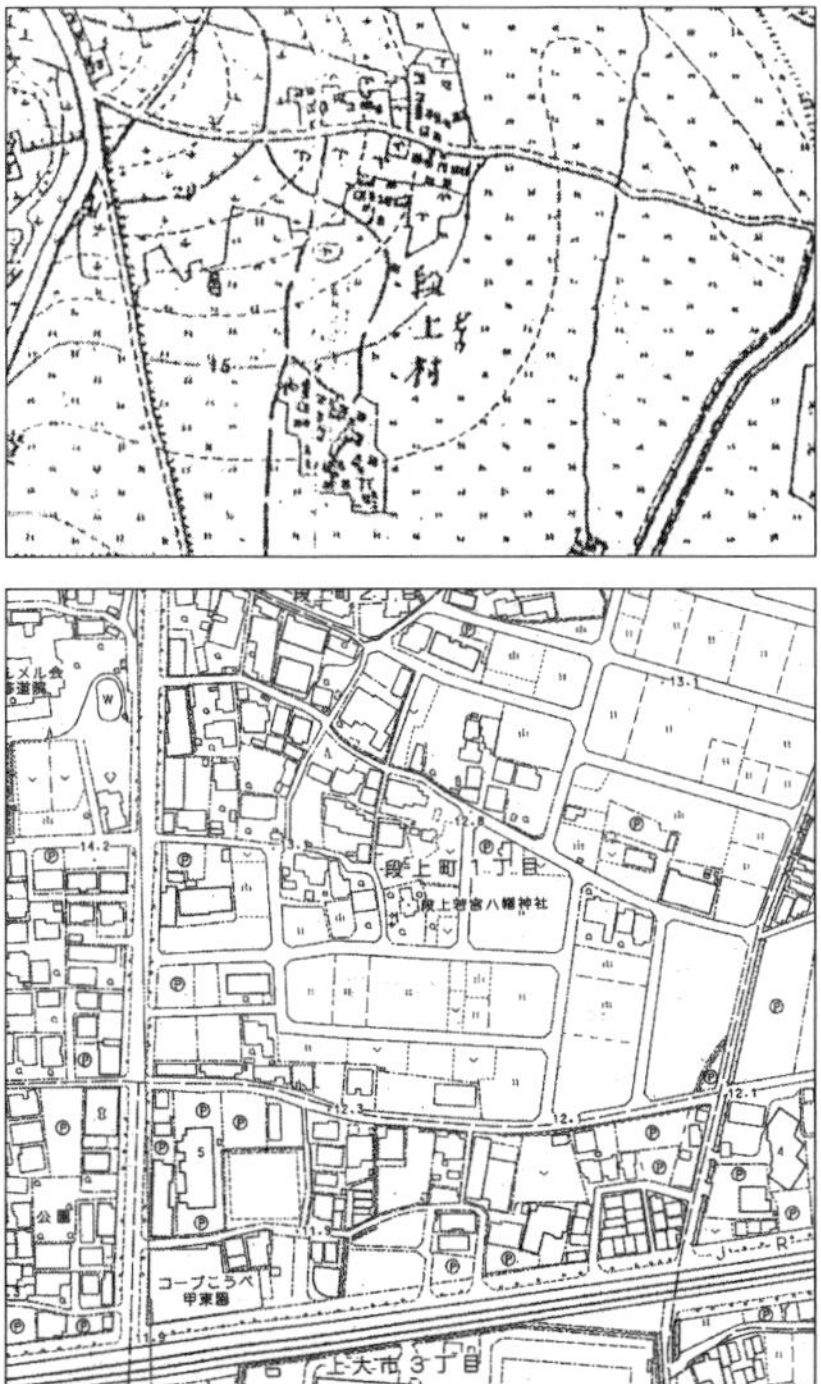

図1－5　段上の集落―1885年と現在（→p.19）
＊上図は陸軍陸地測量部による２万分の１の仮製地図、下図は西宮市発行の2500分の１の地図（縮小）。

図1－3　段上若宮八幡神社（西宮）の遠景

図1－4　同上・景観樹林保護地区の案内板
＊西宮市により森（境内）の大半が指定されている。

ってくることがわかります。土地区画整理などで格子状の道路網が出来上がっているところでは、道路はまっすぐに敷かれていて、建物は遠くからの目印になりにくいといえます。高さのある建物はその側面を見せることによって目印になり得ますが、手前に大きなビルが出来たりすると、視界を遮《さえぎ》られてしまうのです。

　ところが森はときどき見えてくるのです。大きな樹木が道路上に覆いかぶさっていて、森の所在を示していることもあります。正面のつき当たりの場所や、そのあたりだけは神社を避けるように道路がカーブしているなどして、森が

図1－7
上）西宮市・津門（つと）神社東側を通る区画道路から見た神社地入り口周りの緑
下）津門神社参道（→ p.21）

図1－6　西宮市・上鳴尾神社の森の見え方3態（→ p.20）

見えてくることもあります。それはどうしてでしょうか。

近代的な都市づくりの技術にしたがって計画されている道路も、それが神社やその森にあたる時には、これを避けながらルートが定められていることが多いからです。そこに大きな樹木があるだけで道路が曲げられる例がよく報告されますが、わが国では、自然の霊力とか大樹への畏《おそ》れなどが、人びとの気持ちのなかに生き続けているのです。そんな感情の集まりがあちこちに「見えやすい森」をつくり出している、といっていいでしょう。神さまの住む鎮守の森には、そんなふうに人の行動に影響をおよぼし、ものの考え方を変えさせるパワーが潜んでいるように思えます。

高みから町を見下ろして森を見つけましょう。そして次には、町へ下りて、自分の目と足を使って森まで辿《たど》りつきましょう。その前に、これまで記述してきたような地図や資料を集めて見ることもおすすめしたいところです。これだけの材料を揃《そろ》えて森に近づいて、まわりの町並みや道路構成のなかで森を見直してください。最後に近くの人に聞いて、森の住所を記録してください。また森の名前があるかどうかも調べてください。古い時代には「○○の森」というような名前があったのですが、いまはたいてい失われてしまいました。図書館へ行って府県ごとの大きな地名辞典で調べるか、あるいは昔から住んでいるお年寄りの方に聞くなど、してみてください。いろいろと調べたり、聞いたりしていくと、神社の森のほかにもさまざまの森が、わたしたちの身の回りにあったことがわかってくるでしょう。この節では神社の森を例に話題をすすめてきましたが、お寺や古墳・御陵・墓地・ウタキその他の歴史的な森も大切にしていきたいものであり、ぜひ調査の対象に加えてみてください。

（田端　修）

森をプロットしよう 2

(1) 地図を探そう

まず、森と地域の関係や森の中身を知るための地図についてのべます。森の大きさによって採用する地図の縮尺も変ってきます。そこで必要な地図探しから始めます。

地図には多くの種類がありますが、地図店か大きな書店にいくと、国土地理院が出している二万五〇〇〇分一地図を手に入れることができます。しかしこれでは、森がよほど大きくないとその範囲をしめすことはできないでしょう。また市町村の広報課などでは一万分の一や五〇〇〇分の一の地図を分けてもらうことができます。そのほか都市計画区域内でしたら二五〇〇分の一の地図もあり、より細かく建物の配置などを見たいときは市町村の道路課などにいくと五〇〇分の一地図があります。なお二五〇〇分の一では一センチが二五メートルとなります。これぐらいだと森がどこにあるかを確かめられるとともに、また森の形状を書き込むのにも便利です。

このほか、国土地理院の「土地条件図」や環境庁の「植生自然度調査図」、林野庁の「森林図」、あるいは各種の「航空写真」などがあります。航空（空中）写真は茨城県つくば市にある財団法人日本地図センターなどで手に入れることができます。境内地のなかの状況や森の広がる範囲などを見るうえで、これらは有効な資料となるでしょう。

(2) 森の区域をプロットしよう

この作業は二段階に分かれそうです。どこに森があるかをプロットする「森の位置図」、一つ一つの森の範囲・境界を記入する「森の区域図」です。「森の位置図」には二万五〇〇〇分一か一万分の一が適当でしょう。また「森の区域図」には五〇〇〇分の一か、「都市計画区域」の範囲内で作成されている二五〇〇分の一地形図がこの作業の基本になるでしょう。これはさきほどものべたように地図上の一センチが実際の二五メートルということですから、「1森を見つけよう」の「段上若宮八幡神社」は図1-5に示したように、一センチ内外の方形で描かれ、小さいながらも二〇メートル×二八メートル程度の境内地をもっていることがわかるわけです。小さな森もこの縮尺になると、しっかり見えてきます。これは市町村の都市計画課などで手に入れることができますし、なお道路課などにある五〇〇分の一の道路現況平面図は教育用や研究用なら提供してもらえるでしょう。

さて、このケースの森は現在のところ辛うじて眺望できますが、農地側の道路整備が既に行われており、早晩、市街地のなかに隠れてしまいそうです。前に示したようにこの森を取り囲む地域のひと昔以前の姿を、明治二〇年(一八八七)前後に制作された仮製二万分の一地形図から想像することができます(15ページ)。縮小しすぎて、森の形状までは描き切れていませんが、現在使われているものに比べて横線が一本の鳥居の記号が「段上村」の集落南東端に確認できます。古い地図は神社や森を探し出す上では有効であることをあらためて知らされます。

また、二万五〇〇〇分の一地形図で境内地らしい形が見えていた同じ西宮市上鳴尾《かみなるお》八幡神社」(16ページ)の二五〇〇分の一地形図は図2-1ですが、南側三分の一くらいは参道のみが見えます。東西方向は広い所で五〇メートルくらい。これについて、第二次大戦前後にかけて制作された一万分の一地形図(この一帯では一九三二年版)を見ると、森は集落地と隣接して位置しており、南方に伸びる参道の入口が鉄道(阪神電鉄)によって分断された状況がよくわかります。時代を追って地図を見比べていくと、森そのものの変化もわかってくるわけです。

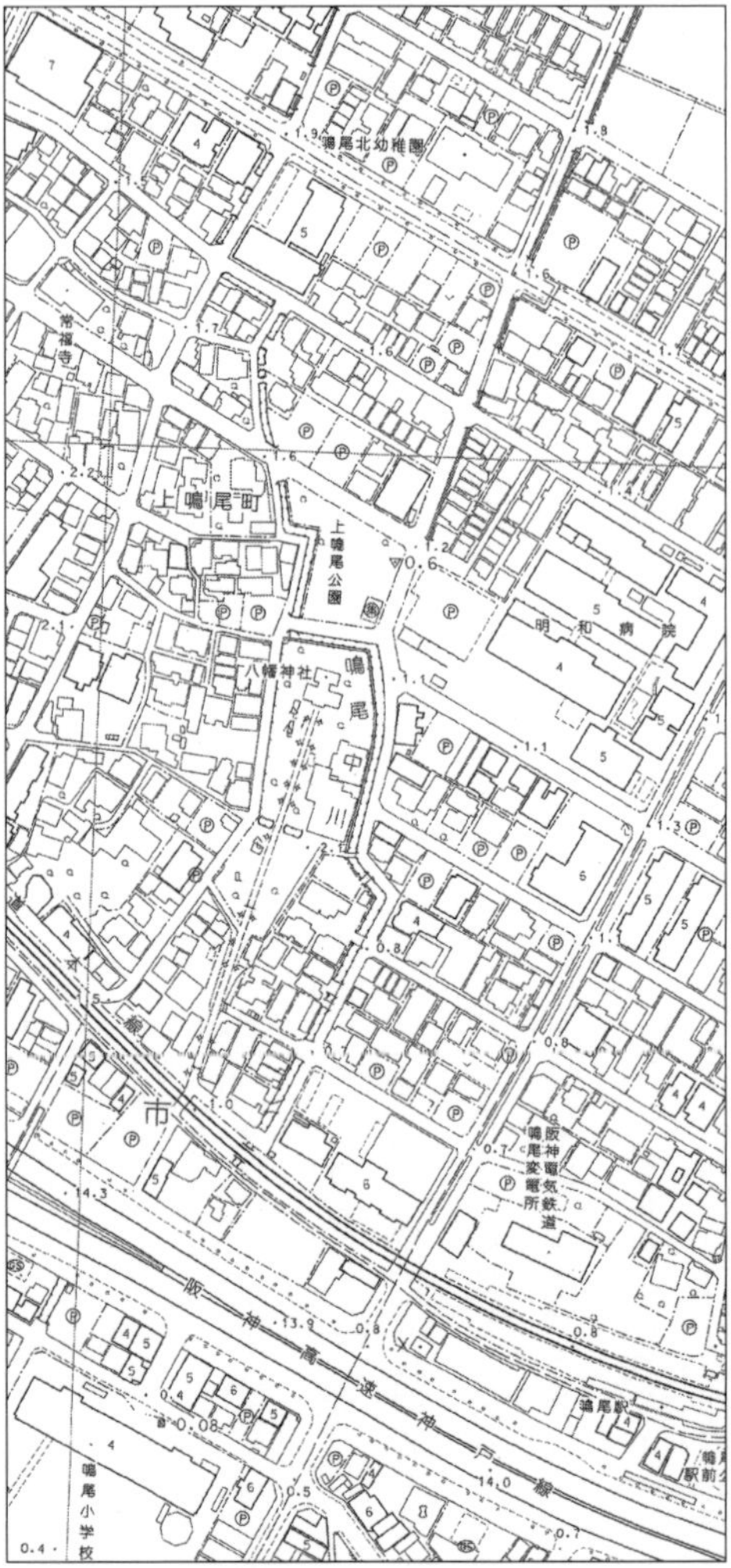

図2-1　上鳴尾八幡神社と上鳴尾の集落(左側)が区画整理市街地(右側)と接する状態
＊西宮市発行の2500分の1地形図(縮小)

次のような森も見ておきましょう。同じく西宮市の図2-2の「津門《つと》神社」は、約九〇メートルの長い参道をもつ立派な森ですが（16ページ）、国土地理院発行の二万五〇〇〇分の一地形図では鳥居型の記号も付されていなかったものです。もともと二万分の一でつくられた明治一八年（一九八五）の仮製図では「津戸村」集落地の西側端中央部に旧型の神社記号（横線が一本の鳥居記号）を見ることができます。

さまざまの地図や資料を見ながら作業していくと、森の区域が、その範囲や境界を変えてきた経緯がわかります。このことをも含めて森の区域をプロットしてみてください。

つづく二ページにはこれまで紹介した二万五〇〇〇分の一から一万分の一、二五〇〇分の一、そして五〇〇分の一の四種の地形図を並べてみました。京都市東山区祇園《ぎおん》の安井神社を例に各縮尺の表現がどんな風に変っていくかを確かめてください。

（田端　修）

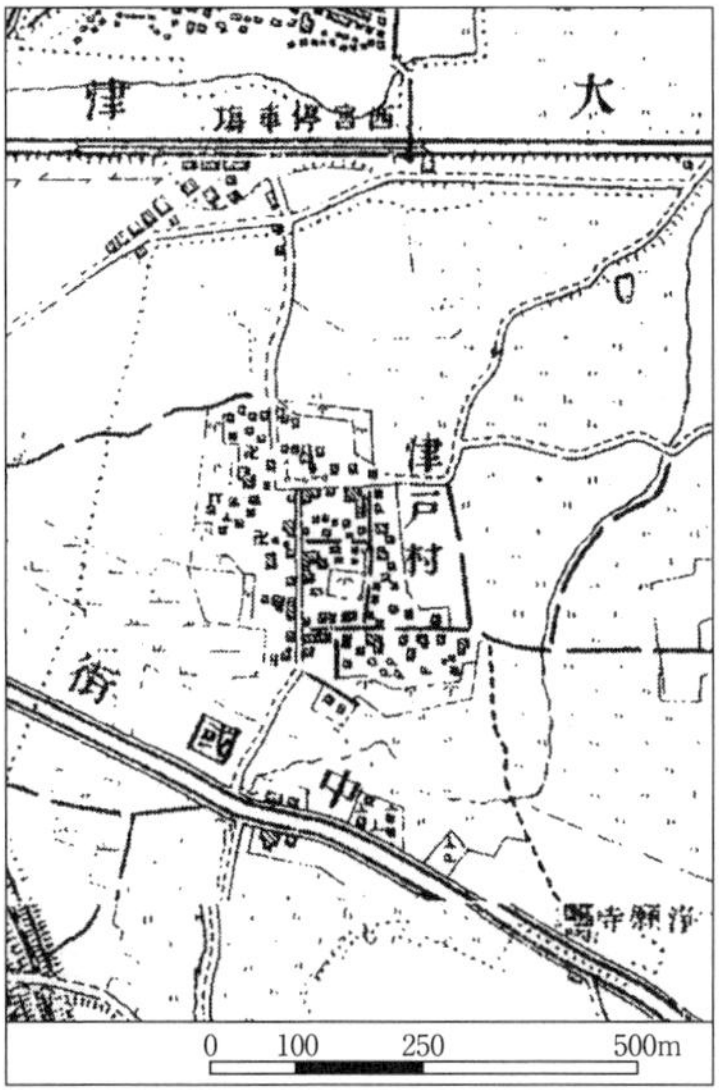

図2－2　明治期の津戸（津門）村
＊陸軍陸地測量部による２万分の１仮製地図による（縮小）。

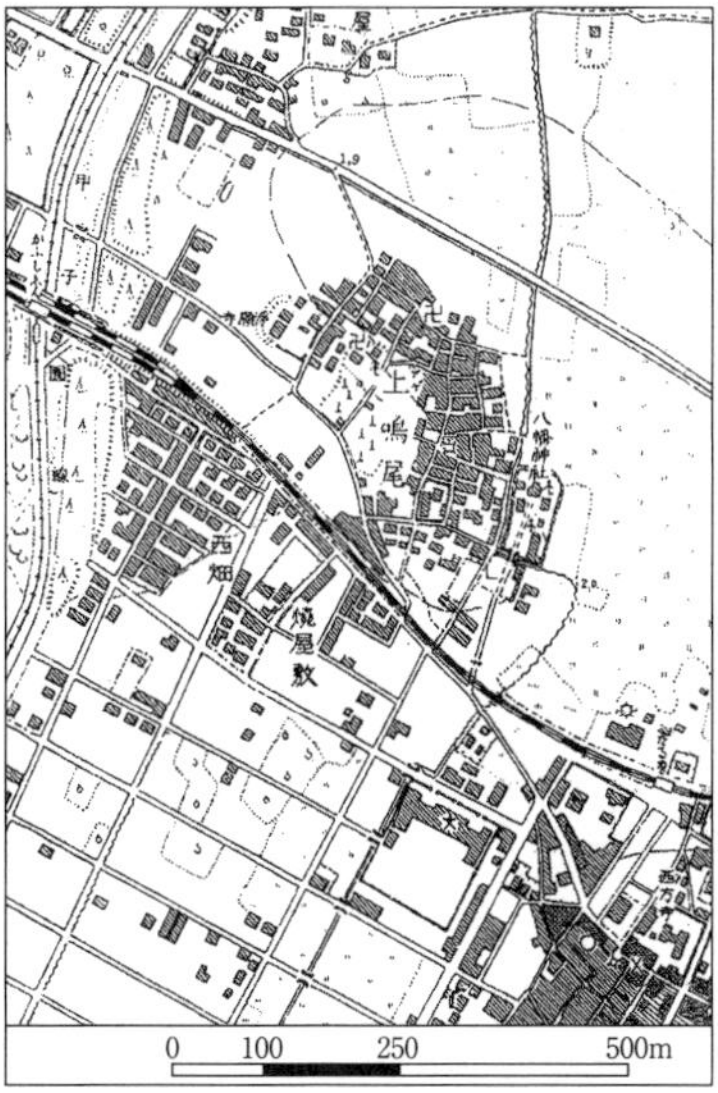

図2－3　上鳴尾の旧集落と八幡神社の周辺―1932年
＊１万分の１地形図（縮小）

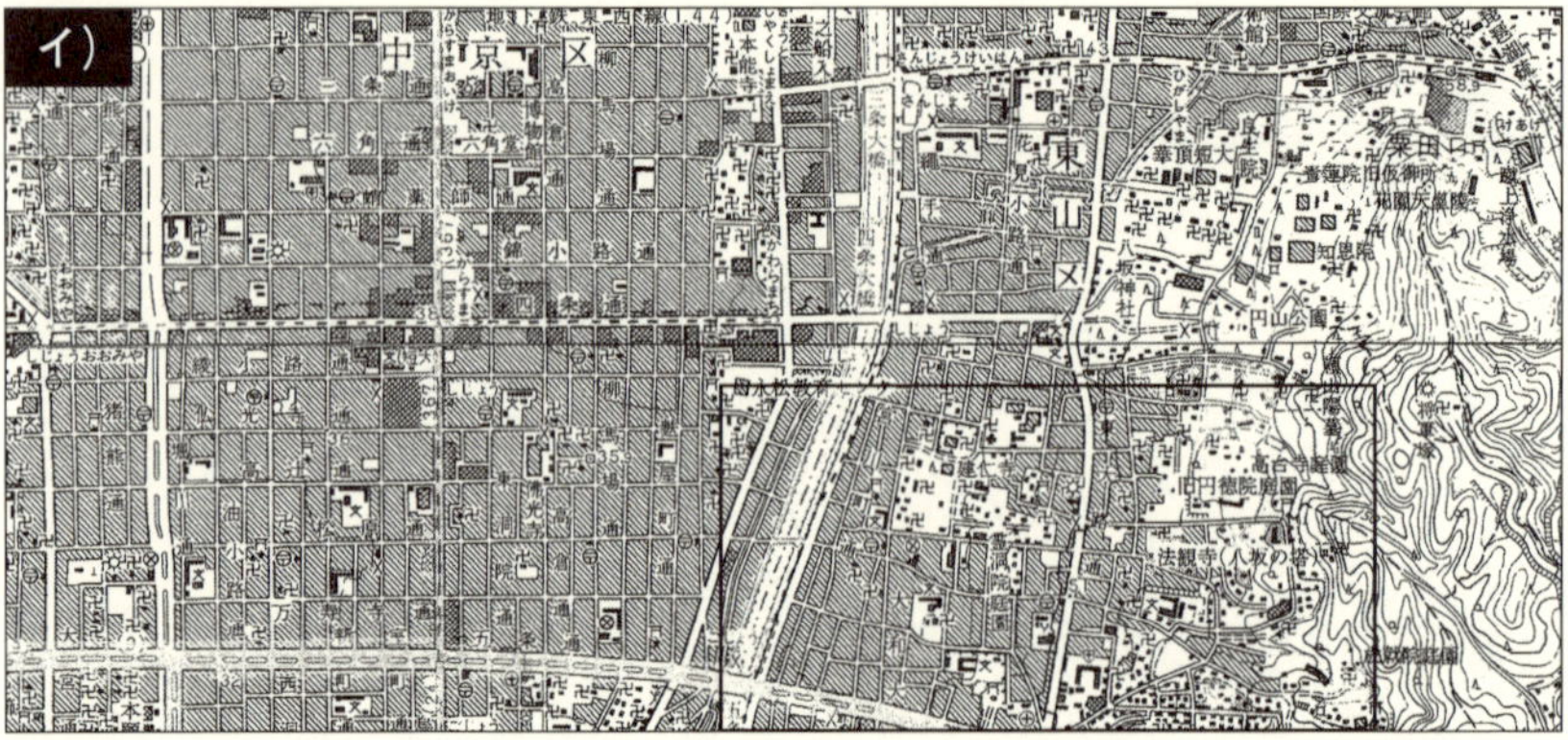
イ)
中京区
東山区
円山公園
知恩院
旧円徳院庭園
法観寺（八坂の塔）

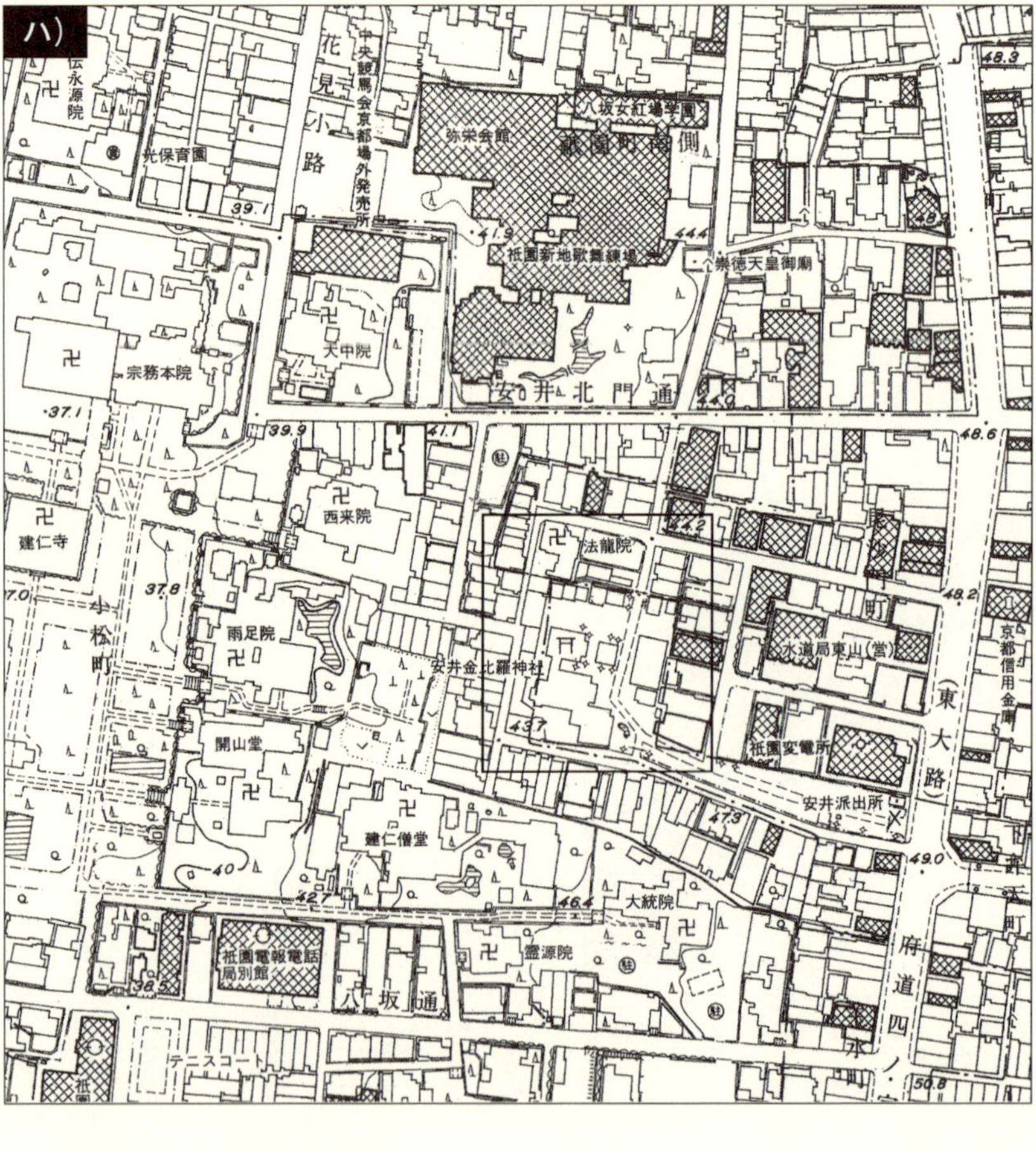
ハ)
花見小路
中央競馬会京都場外発売所
弥栄会館
祇園町南側
八坂女紅場学園
祇園新地歌舞練場
崇徳天皇御廟
大中院
安井北門通
宗務本院
光保育園
建仁寺
西来院
法龍院
小松町
雨足院
安井金比羅神社
水道局東山（営）
祇園変電所
開山堂
建仁僧堂
安井派出所
東大路
大統院
霊源院
祇園電報電話局別館
八坂通
テニスコート
京都信用金庫
府道四ノ

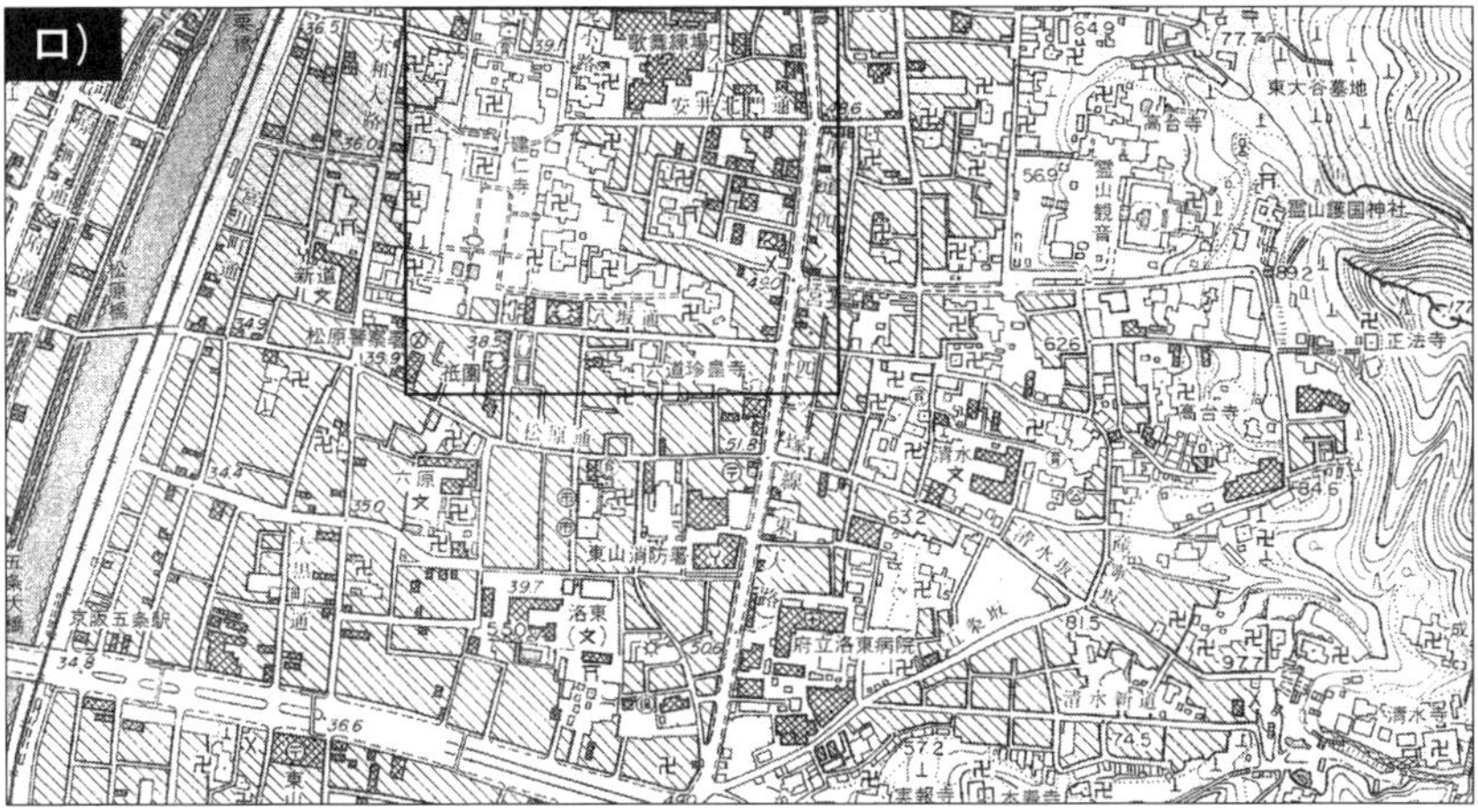

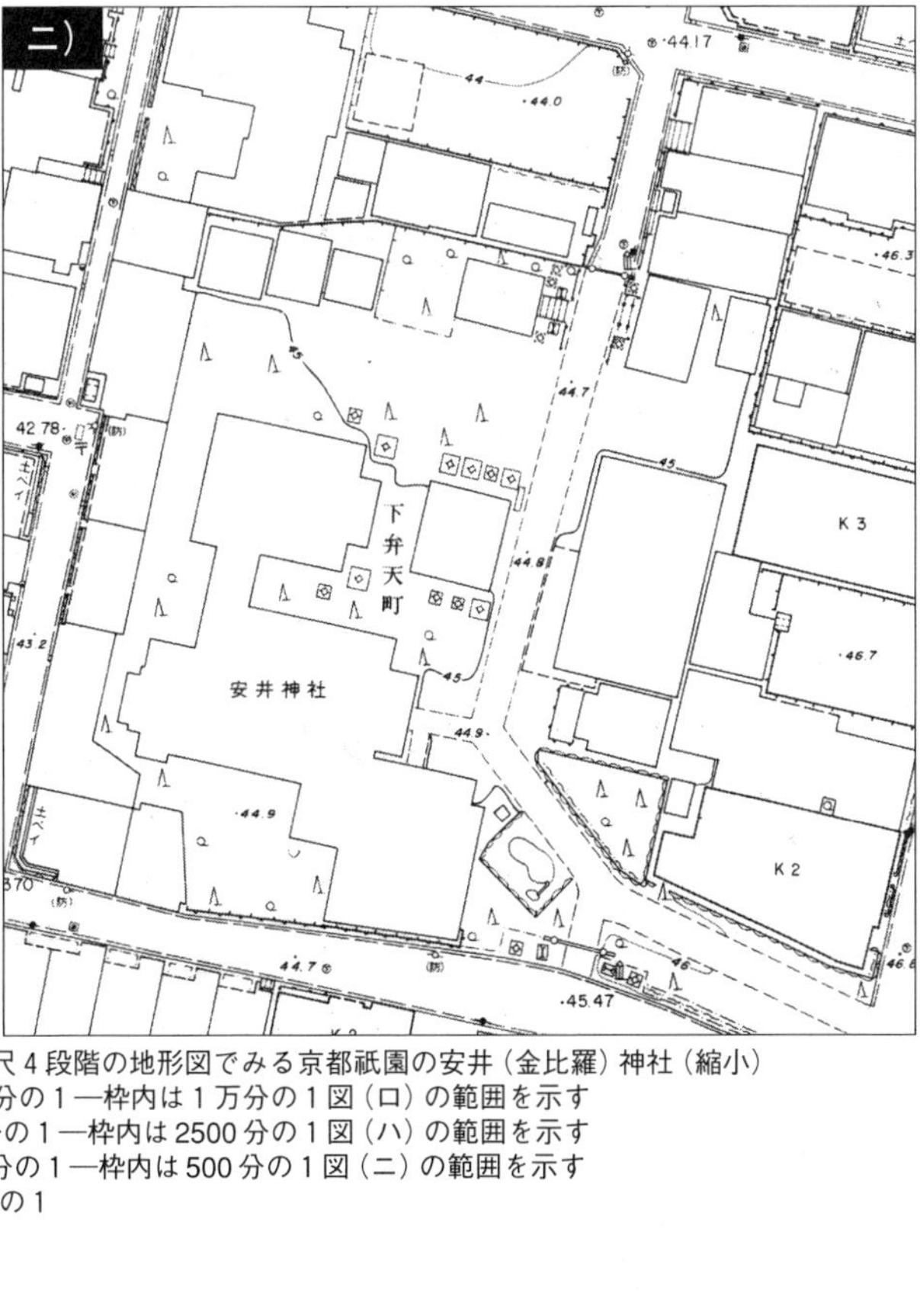

図 2－4　縮尺 4 段階の地形図でみる京都祇園の安井（金比羅）神社（縮小）
イ）2.5 万分の 1 ―枠内は 1 万分の 1 図（ロ）の範囲を示す
ロ）1 万分の 1 ―枠内は 2500 分の 1 図（ハ）の範囲を示す
ハ）2500 分の 1 ―枠内は 500 分の 1 図（ニ）の範囲を示す
ニ）500 分の 1

3 このあたりの土地の形は

(1) 緯度と経度、高度と住所

緯度や経度は、森の位置を客観的に示す指標です。これによって全国の森の位置を比べることができます。たとえば奈良県桜井市の三輪山《みわやま》と伊勢の斎宮《さいぐう》寮が、ともに北緯三四度三二分の線上にあることが知られ、この東西軸が大和から伊勢への遷座に関係するのではないかなどといわれたりしています。

北半球にある日本は、緯度が高いほど北になるので、夏は昼が長く、冬は夜が長くなります。おおむね北へ行くほど気温は下がるので、植生などにも影響を与えます。また、経度が大きいほど東に、小さいほど西に位置することになります。東になるほど日の出や日の入りの時間が早く、西になるほど遅くなります。このことが、人々の生活や伝統行事とも関係してくるでしょう。

高度は、その土地の標高を示す指標です。高度が一〇〇メートル上がるにしたがって、気温は一般に〇・六度下がります。ですから、高度によって、気象条件や動植物の生態は大きく変わります。とくに高い山では、大きな木は生育しにくく、森としてはなりたちません。

緯度、経度、高度を調べるには、地図をしっかり読み取ることが必要です。国土地理院発行の二万五〇〇〇分の一の地図が適当でしょう。場合によっては、測量の基準になる三角点や水準点が、森のなかやその近くに

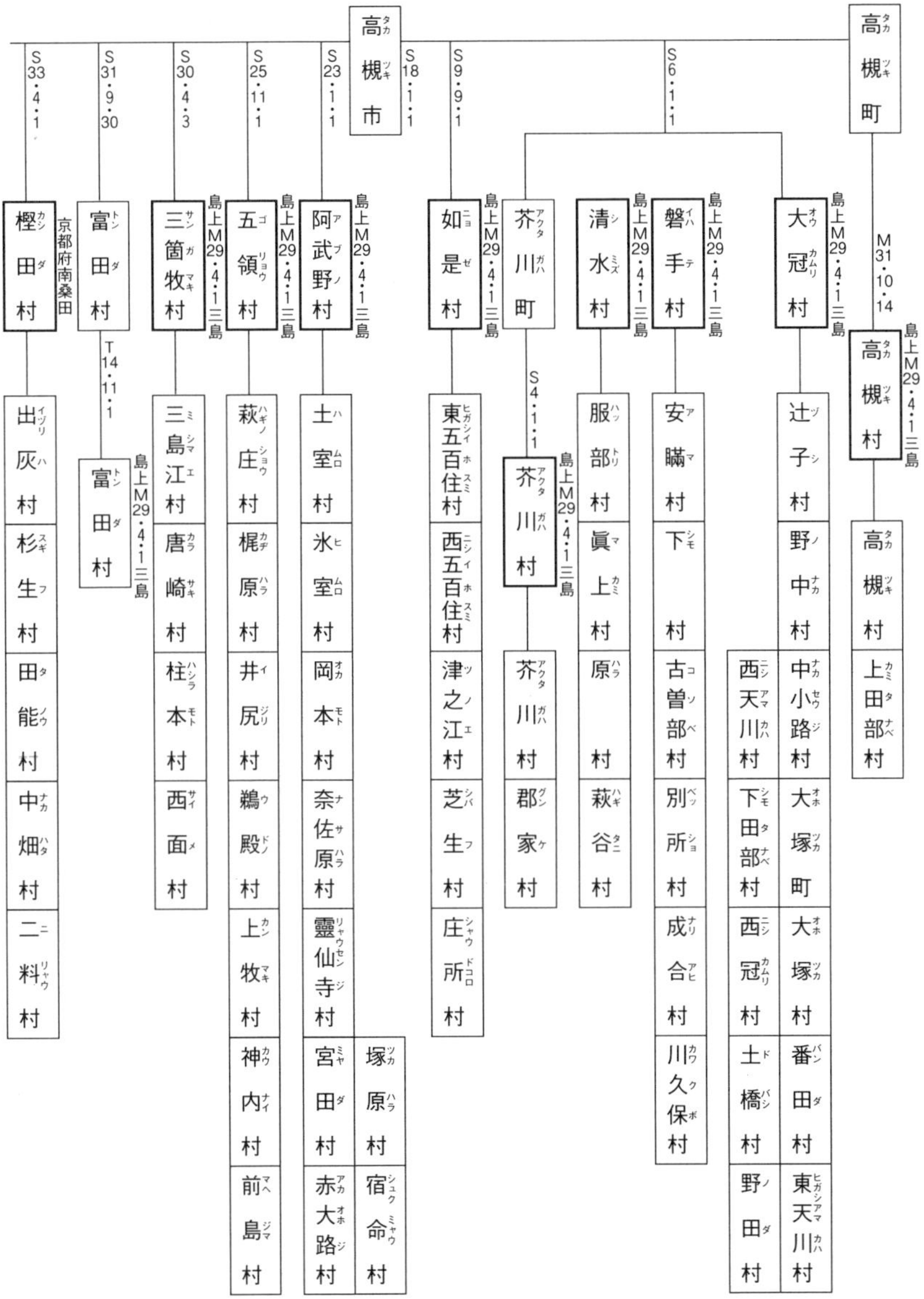

図3−1　市町村名変遷の例（大阪府高槻市の場合）　『全国市町村名変遷図』（日本加除出版）より

あるかもしれません。そこには緯度、経度、高度が記されているはずです。

住所を調べるばあい、今の市町村名だけにこだわっていてはいけません。多くの市町村は、図3-1のように今までに何度も合併を繰り返してきました。その経過を知るためには、都道府県別の『地名辞典』を参考にしてください。また明治時代の地図や江戸時代の絵図をみて、昔の国名や郡名を確認すると、生活圏や地勢との関係をより深く理解することができます。

(2) 気候型

気象条件が、森の動植物の生態や景観に大きな影響を与えることはいうまでもありません。気象条件とは、気温や日照時間、風向、風速、降水量、降雪量などのことです。さらに気温の日較差や年較差なども重要です。

気象条件によって、国土をいくつかの気候型に区分することができます。気候型にはいくつかの分け方があり

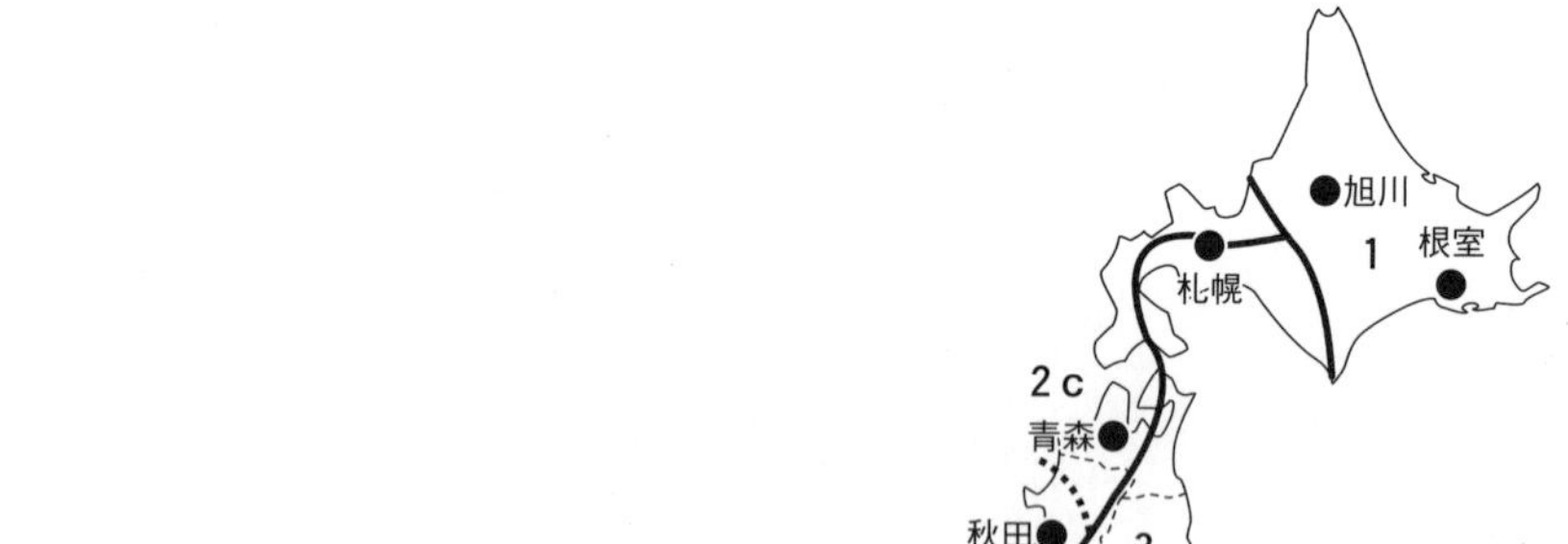

図3−2 気候区の区分例 『日本の地理』第8巻総集編（岩波書店）を改変

ますが、ここでは気温、湿度、降水量、日照率によって、まず大きく次の九つに区分することにします。

1 亜寒帯地：冬は非常に寒く、夏は涼しい。北海道。

2 多雪寒冷地：冬は雪が多い。東北日本海側、北陸地方。

3 少雪寒冷地：冬は寒いが雪は少ない。東北太平洋側。

4 冷涼乾燥地：冬寒く乾燥する。中部地方内陸部。

5 冬晴温暖地：冬晴天が多く、寒さは厳しくない。関東平野、東海地方。

6 小雨温暖地：温暖で一年を通じて比較的雨が少ない。近畿地方中部、瀬戸内沿岸。

7 冬曇温暖地：冬の寒さは厳しくないが、曇のことが多い。山陰、九州北部。

8 多雨温暖地：冬は温暖、夏は雨が多い。伊豆半島、近畿地方南部、九州南部。

9 亜熱帯地：冬暖かく、夏は暑い、雨が多い。沖縄、南西諸島。

同じ気候型のところでも、標高、斜面の方角、風向など、個々の地形によって、気象条件は微妙に異なります。これを小気候あるいは微気象とよびます。同じ森のなかでさえ、尾根筋か谷筋かによって、あるいは空地か鬱蒼《うっそう》とした木立のなかか等によって小気候が異なります。つまり、以上の九つの気候型と個々の地形的特徴との組み合わせによって、植生や生態系が決まります。

なお、全国約八四〇ヶ所にあるアメダスの気象データが気象庁の外郭団体である財団法人気象業務支援センターから公開されており、これが個々の森の気象のより細かいデータになるでしょう。それでも、場所ごとの微気象を調べるのなら、その森のなかの数箇所を観測点に決めて、個別に観測しなければなりません。

そういう気候型などに対応して、森の木々はどのように生育しているかを調べてみてください。

(3) 地形型

地形は小気候に影響を与えると同時に、森の姿、形や植生をも左右します。気候型と同様、地形も次のようにいくつかの型に区分できます。

1 高山地：標高が高く、植生が限られる。登山も容易ではない。

2 山地：国土の大部分を占める。多様な生態系が存在する。林業や里山林など、生活とさまざまなかかわりを持つ。

3 盆地・谷地：水系を軸にひとまとまりの生活圏が形成される。

4 扇状《せんじょう》台地：山麓に下りてきた水が伏流《ふくりゅう》水化した上部の台地。縄文《じょうもん》時代より数多く生活が営まれてきた。

5 舌状《ぜつじょう》台地：周囲を見渡しやすい、文字通り舌状に突き出た台地。縄文遺跡や中世の城郭が多い。

6 河岸段丘《かがんだんきゅう》・海岸段丘：海岸部や河岸部で、浸蝕、堆積、隆起等によって階段状にできた台地。

7 低地：標高が低く、湿気が高い。昔は海岸だったところが多い。多様な動植物が生息する。

8 沿岸地：海岸沿い。海岸線の地形によって多様な地形となる。海流によって気候条件が左右される。

9 半島：海上から視認されやすい。海流によって気候条件が左右される。

10 島：独立した生態系がつくられる可能性がある。海流によって気候条件が左右される。

こうした地形条件を確かめた上で、森や社が、どのあたりに位置するのか、森の形状と方位に特徴はあるのかを調べてください。山地の場合は、山麓、山腹、山頂のどこか、斜面の勾配《こうばい》は急か、谷筋や尾根筋との関係はどうか等に着目してください。湾曲した川沿いにある場合は滑走斜面側（曲流の内側）か、攻撃斜面側（曲流の外側）か、舌状台地や扇状地などの場合は先端部なのか、頂上部なのかに注意してください。海岸の場合は湾奥部なのか、岬部なのか、低地なのか、小高い丘の上なのかにも気をつけましょう。

その時に、太陽の方角や見え方も想像してください。太

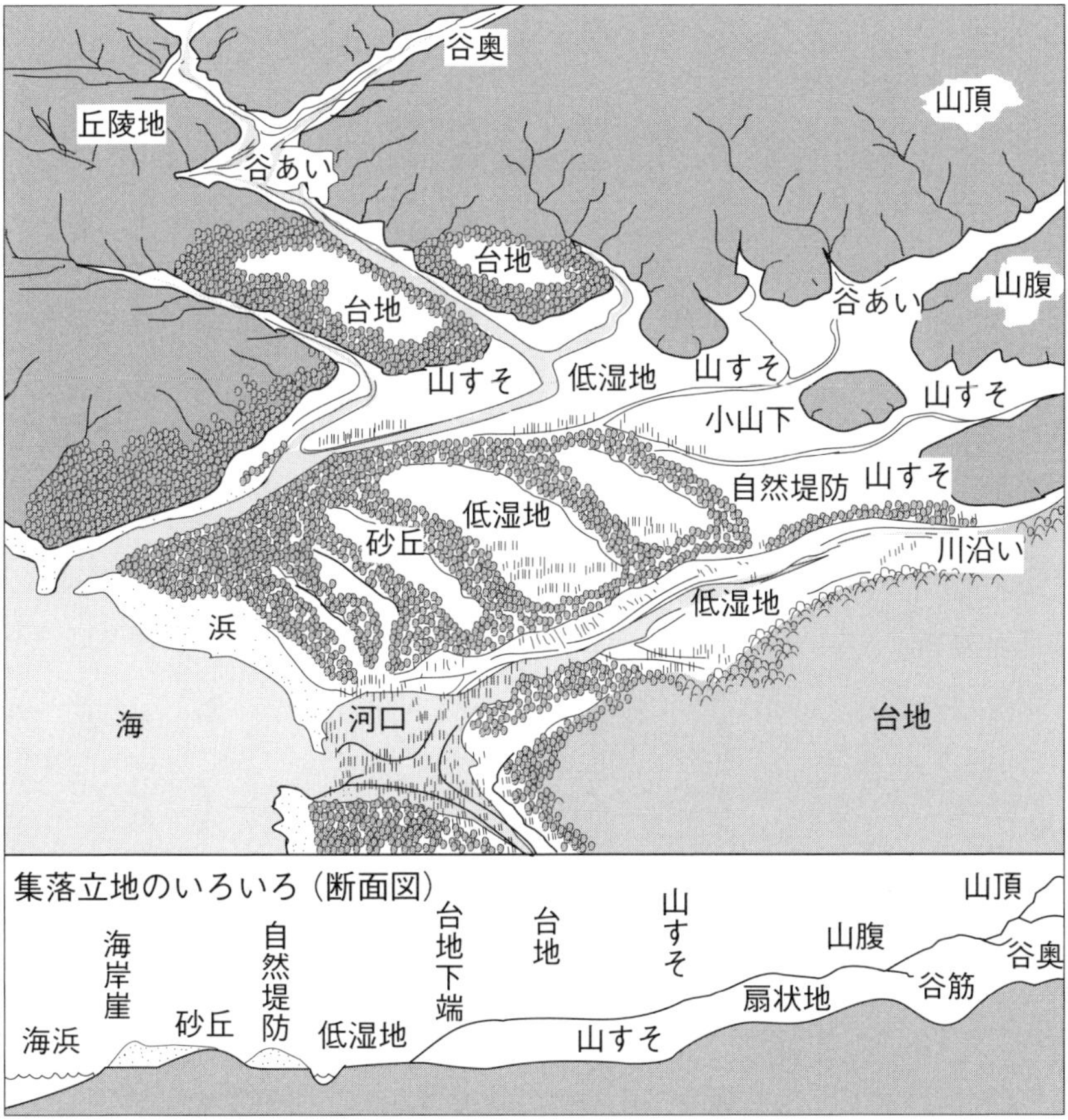

図3－3　地形型の例（日本建築学会『図説集落』都市文化社より）

陽神信仰の濃い神社なら、日の出、日の入りを、どのような景色として演出できるかを考えているはずです。また海から見える山は、漁民たちが海上で位置を確認する「ヤマアテ」の役割を持っていました。

以上のような地形を読みこんで、森と、山や海や川や平地とがどういう関係にあるのかを考えてみましょう。海辺の場合も、山、岬、湾などが、いくつかの組み合わせパターンをもっているでしょう。

(4) 見えない地形

川、泉、伏流水や池沼など、水系との関係には特に注意が必要です。水は目に見えるところを流れているだけではありません。伏流水や泉や井戸の存在、すなわち地下水脈も重要です。祭神が水を司る神様でなくても、水の位置には敏感なものです。なぜなら、鎮守の森はたいてい地域の集落の核であり、地域の人々の生活には用水が欠かせないからです。また飲料には地表水よりも地下水の方が適しているからです。なお、地下水系は洪水などのときの危険箇所との関係もあるものです。

見える水はもちろん、見えない水の流れにも注意して、社殿の位置やその向きを考えてみてください。施設の方位や軸線と、地形、水の流れなどとが、関係あることが多いのです。

(角野幸博)

4 どんな施設があるか

(1) インフラストラクチュア

道路・鉄道・港湾など都市基盤の社会資本をインフラストラクチュアとよびます。まず道路の位置を確認しましょう。道路には、国道、都道府県道、市町村道、農道、林道、里道、私道などがあります。また現代の道路だけでなく、旧街道と森の関係がとても大切です。旧街道と森と参道と集落とは、ともに意識してつくられています。さらに旧港や船着場との関係も調べてください。その一方で、国道や高速自動車道路、鉄道など近代になって整備された交通幹線が、森や参道を分断してしまい、中途半端なところに孤立する鳥居を、時々見かけます。景観を阻害しがちな高圧鉄塔も、森の上を通っているかもしれません。

水も重要です。自然の海や川や湖や池沼だけでなく、人工の貯水池や農業用水路、修景用水路なども忘れないでください。伊勢神宮の五十鈴《いすず》川は有名ですが、川は聖域に入るための禊《みそぎ》のための場として重要です。また大きな滝がある場合は、しばしばそれ自体が御神体や修行の場になります。さらに川や海が、川渡御《かわとぎょ》や舟渡御などのように、御神体の森以外での舞台となることもあります。

なお、神事や宗教儀礼の装置としてばかりでなく、水上交通に使われたり、水利権が設定されたりするなど、人々のくらしと密接にかかわってきた池や水路も少なくありません。これらは、地元住民が掃除や維持管理を行ってきたのですが、最近は管理が行き届きません。

一般に、道路や水路の状況および周辺の土地利用は、時代とともに大きく変化しています。開発によって、森や沿道の土地利用がどう変わっていったかを、地図で調べたり、村や町の古老に聞くなどして確認しましょう。

(2) 建造物・遺跡・史跡・名勝・天然記念物

次に文化財に注目してください。まず建造物があります。国宝や重要文化財に指定されている神社や寺などが付近にありませんか。また貝塚や古墳などの遺跡も近くにありませんか。よく目立つ山の山腹や、舌状台地の鼻先、岬の先端などの場合、付近一帯を見渡すのに有利なために、貝塚や古墳などの遺跡、さらには戦略上の拠点として、旧宅や城郭、古戦場、本陣の場などの史跡が見つかることがあります。どこにどのように陣を構えたかなどを調べると、地形状の特徴を改めて確認できることも多いのです。

美しいシルエットをもつ森が、ランドマークや遥拝の対象となったり、森のなかの社殿などからの眺望が有名な場合もあります。また景色のよい場所は、名所あるいは名勝として親しまれ、観光地化することも少なくありません。

図4－1　海神神社（長崎県上県郡峯町）
周辺の伊豆山は千古斧を入れない天然記念物の原生林、「野鳥の森」である。

図4－2　青玉神社（兵庫県多可郡加美町）
兵庫県指定天然記念物である樹齢千年の杉の巨木7本が、拝殿を囲むようにして立っている。

また社叢《しゃそう》の多くは、社殿の建設よりも古くからそこにあったものが多いのです。そこが聖なる空間であったために、周囲の開発がすすむなかでも立ち入りが制限され、レッドデータブックにも掲載されるような貴重な動植物を守り育てる環境が残されてきました。樹齢数百年以上の巨木や、大きな岩などが、御神体《ごしんたい》や依代《よりしろ》として、信仰の対象になっている場合も少なくありません。こうした巨木や奇岩、絶滅危惧種《きぐしゅ》などが天然記念物あるいは特別天然記念物に指定されていることが多いのです(図4−1〜4)。巨木や奇岩、貴重な動植物があるかどうかを、調べてみましょう。

こうした資源のなかには、文化財保護法によって建造物・遺跡・史蹟・名勝・天然記念物の指定を受けて保護されているものも少なくありません。地元の教育委員会等が調査報告書を出していたり、有名なものは観光ガイドブックに紹介されています。

(3) 地域地区指定

森やその生態系の保全を目的として、開発や土地利用上の規制を法的に定めたものに、さまざまな地域地区指定があります。それぞ

図4−4　花の窟神社(三重県熊野市)
熊野市指定文化財、史跡、天然記念物。高さ約70mの巨厳を神体とし、巨厳の根本に方5mほどの祭壇を設けて白石を敷き玉垣をめぐらして拝所とする。

図4−3　和多都美神社(長崎県下県郡豊玉町)
社叢は長崎県指定天然記念物。山中には大鳥居がある。

れの地域地区指定には根拠となる法律があります。紙面の都合ですべてを網羅することはできませんので、代表的なものだけを紹介しましょう（カッコ内は根拠となる法律）。

森林保全については、保安林（「森林法」）、風致地区（「都市計画法」）、国立公園、国定公園、都道府県立自然公園（以上「自然公園法」）などの指定に伴う開発制限があります。特定の動植物の保護については、天然記念物、特別天然記念物、天然保護区域（以上「文化財保護法」）の指定があります。市街地および市街化が予想される区域については、市街化調整区域、用途地域（ともに「都市計画法」）などの指定によって、開発および土地利用の制限が課せられます。

歴史的な蓄積が深く、その地域環境全体を保存していくための地区として、歴史的風土保存区域と歴史的風土特別保存地区（以上「古都における歴史的風土の保存に関する特別措置法」通称は古都保存法）があり、建築物の新増改築、宅地の造成等の行為に制限が課せられます。現在は京都市、奈良市、神奈川県鎌倉市、天理《てんり》市・橿原《かしはら》市・桜井市・斑鳩《いかるが》町、明日香《あすか》村（以上奈良県）、神奈川県逗子《ずし》市がこの法の適用対象となっています。なお明日香村については「明日香法」に基づき、村全域が行為の許可が必要な第1種、第2種の歴史的風土保存地区に指定されています。

そのほかに都道府県や市町村が独自に条例で定めるものもあります。これらにかかわる区域とその規制内容および条例の内容は、地元の市町村役場で、関係する条文や図面によって確認することができます。条文は一般の人には理解しづらい表現が多いので、市町村や都道府県によってはわかりやすいパンフレットを作っている場合があります。

これらの規制内容を調べることによって、その森でどんな開発ができて、どんな開発ができないかがわかります。何が守られていて、何が破壊されようとしているかを考えてみてください。

(4) 開発による変化

いま市街地や住宅地になっているところも、昔は森や田園だった可能性があります。たとえば明治時代末に開発された、日本で最初の郊外分譲住宅地である池田室町（現大阪府池田市）は、呉服《くれは》神社の境内を取り囲むように、住宅が建ち並んでいます（図4−5）。また神戸の生田《いくた》神社背後にある生田の森は、まわりが飲食店街になるなかで、かろうじて大きな木々を残しています。

市街地のなかの森や境内は、区画整理や耕地整理によって、森の一部を削られたり、移動させられていることもあります。

また戦後の大規模な住宅地開発のなかには、大型重機によって地形を大きく変えた場合もあります。今の森の形だけを見るのではなく、森の形や大きさがどのように変わってきたのかを調べてみてください。古い地図等を見て、もとの森の範囲や地形を復元してみると、本来の森の役割が理解しやすくなるでしょう。

（角野幸博）

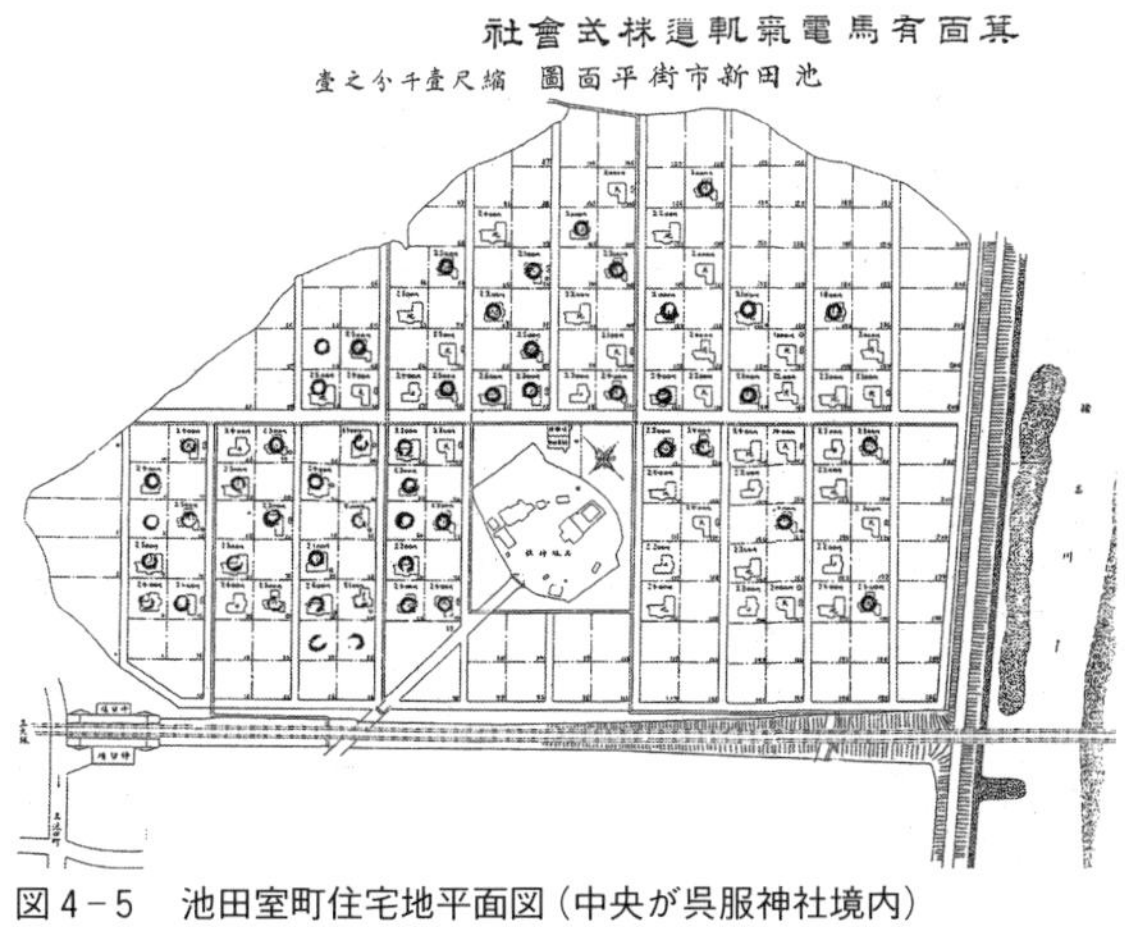

図4－5　池田室町住宅地平面図（中央が呉服神社境内）

人がいつごろから住みだしたか

（1）大昔の国土と人々の歩み（旧石器・縄文時代）

開発という言葉が破壊というイメージをひきおこすようになったのは、最近のことです。それ以前は、開発は人が住むための環境をよくしたり、食物を増産したりするための大切な手段でした。大陸のように砂漠や原野が広がる土地と違い、この国は列島全体が山で、昔はどこもうっそうとした森と深い湖が拡がっていました。そのなかで人々が定住するための食糧が得られるわずかな平地をみつけて、集落をつくることが開発の第一歩であったのです。

以後わたしたちの祖先は、この国土の開発に全力を尽してきました。オランダ人は「世界は神がつくった、オランダはオランダ人がつくった」といいますが、日本の国土も「日本人がつくった」といってよいでしょう。

さて、旧石器時代の遺跡・遺物、縄文《じょうもん》時代の遺跡・遺物が、めざす森（境内）の附近にあるでしょうか。縄文人は海岸台地などの高みに立地することを好みました。縄文人の住んだところは、今日のわたしたちが見ても、健康な土地で風光明媚《ふうこうめいび》なところが多いようです。五千年、一万年前の縄文人の智恵に学びたいものです。

(2) 古い時代にどういう開発が行われたのだろうか(弥生〜平安時代)

今の大都市は、海のそばの川から運ばれた土砂が堆積してできた沖積平野などに発生したところが多く、昔は海のなかであったところも少なくありません。弥生《やよい》時代の水稲耕作のための開発の多くは、このような湿地を治水技術によってつくりかえるものでした。弥生時代の遺跡(墳墓、住居跡等)や遺物(石器、土器等)があるかどうかを調べてみましょう。一般に弥生時代の遺跡は、縄文時代より少し低地に降りているようです。

古墳《こふん》時代には、各地で大きな開発が行われました。たとえば大阪では現在の上町《うえまち》台地の東西とも水面や湿地帯でしたが、有名な「難波《なにわ》の堀江《ほりえ》」の開削を始めとして大規模な土木事業が行われ、田園地帯に整備されました。こういう開発は各地で行われましたが、その記録がじつはあまり残っていなくて、詳しいことはわかりません。考古学的資料のほかに、江戸時代の文書や、明治時代以前の神社の祭の形態などに手懸りが残されていることがあります。たとえば、京都府亀岡《かめおか》市の鍬山《くわやま》神社では、「昔、出雲の神々がやってきて泥海の亀岡盆地の水を排除して沃野につくりかえて、その後に使った鍬を神社に残していった」という伝承が文書などに残されており、また昔の祭では舟渡御が行われるなど、そのような事実をうかがわせる記録があります。興味のある人は、それぞれの地域でもぜひそういったことを調べてみてください。

奈良時代になると、口分田《くぶんでん》という国有地が人々に貸し与えられるようになり、ために条里制《じょうり》という地割がほどこされました。この跡があるかどうかによって、当時の開発の模様を知ることができます。また奈良時代には、各地の神社が国家の手によって整理統合されました。その際に社格、神階などの神社の格付けも行われました。したがって古い神社では、この時代につくられたという縁起（神社の由来）をもつものが少なくありません。

次の平安時代になると、貴族や社寺の私有地である荘園《しょうえん》が発達しました。また東国地方の開発が進みました。これについては、すでにいろいろの研究が行われていますので、『市町村史』などで調べてみましょう。

(3) 中世はどうだったのだろう（鎌倉～室町時代）

武家という新しい勢力の台頭により、一般庶民もまた活性化します。商工業も活発になり、海外へも積極的にでかけるようになります。源平《げんぺい》合戦や蒙古《もうこ》防戦などもあって、それまでとはちがい、国内の移動も盛んになります。

このころ、とくに南北朝以後室町時代にかけて、農業面では、それまでの国家が管理する口分田や、貴族や大社寺などが営む荘園にたいして、庶民が新田を開発して民主的な村をつくる「惣《そう》」が盛んになりました。日本の今日の多くの村はこのころに発しているものが多いようです。したがって森の起源もこの時代に求められるものが多いことでしょう。神社によっては、この時代の文書を残しているところもあります。

また、森は座などの商工業者の組織を通じて人々の生活と文化の中心となったこともありました。今日の祭の運営のなかに、そういう名残りをみることもできます。そのほか歴史資料、考古資料、民俗資料なども市町村の図書館にあるので調べてみましょう。

(4) 近世はどうなったのだろう（安土桃山～江戸時代）

戦国時代の各地での城づくりに始まり、江戸時代の各藩《はん》の領国経営まで、各地方がそれぞれ産業開発を進めて力をもっていった時代といえます。京、鎌倉だけでなく、各地方の城下町も都市化します。また文化面でも、各藩に藩校があったように教育も隆んになり、寺子屋の数も爆発的に増加し、幅広い町人文化が栄えます。町の商工業だけでなく、山間の鉱業や林業も盛んになり、植林も活発に行われます。山は桑や茶畑に、平地では畑や湿地が田に変えられるところも多いようです。海浜では埋立が行われ、新田の開発も行われます。同時に大規模な川の流路切替や掘割造成なども行われるようになります。

一方、森にたいしても各藩主は手厚い保護を加えました。この時代の開発と森の姿は、各藩の藩政資料などで調べることができます。たとえば『大阪市の歴史』（大阪市史編纂所）には大阪湾岸の新田《しんでん》の開発の様子などが示されています。今に残る「島」の地名などにより、湿地帯のなかから一世紀ごとに島ができていく模様がよくわかります。

(5) 近代にはどう変わったか（明治時代以降現在まで）

明治時代には、一時的ですが米作で何とか国の人口を養えるようになりました。これは単に新田の開発によって耕地面積が増大したというだけでなく、寒冷地で育つ稲や背丈を低くして強風にも倒れにくい稲を開発するなどの絶え間ない品種改良の成果であったことを忘れてはなりません。開発は社会全体で行われたのです。

また明治政府は全国に鉄道網を敷設し、近代工業を興し、流通網を整備し、小学校教育を義務化し、国立大学を配置し、山の上まで配達してくれる郵便制度などをつくりました。

ところが、森については、明治初めの「社寺領上地令」によって多くの土地が政府に取上げられ、さらに明治末の「神社合併令」によって全国で半分近くの森が潰されました。さらに神社は全体として国家神道の枠組みのなかに組入れられました。

そういう状態は大正、昭和とつづきましたが、さらに空襲による破壊と、戦後の高度経済成長による大規模な工業開発や住宅開発等によって都市の森が各所で潰されました。そしてその森の消滅はいまもつづいています。たとえば鎮守の森のばあい、神社本庁に毎年全国から六〇〇〇件ほどの境内の縮小、あるいは移転・消滅の報告があるそうですが、そのうちの六割は府県・市町村等の公共団体からの要請によるようです。また附近住民からの「日照の邪魔になる」「落葉が舞いこむ」「鳥のけんかがうるさい」等の苦情によるものも多いようです。森の消滅は、ビル、マンション、工場、商店街、風俗営業等の民間資本によるものだけではないのです。したがって新しく都市民になった人たちには、もうあまり森が残されていないところも多いのです。

明治の「社寺領上地令」や「神社合併令」などによって、どれだけの森が潰されたかを、神社の神職さんや氏子のお年寄りの方々にお尋ねしてみましょう。

戦後の高度経済成長以降現在までの森の減失も調べましょう。とくに森の周辺の開発により、森の日照がさえぎられたり、地下水脈が枯れたり、汚水が流れこんだり、排ガスが充満したり、ゴミの不法投棄が行われたりしていないか、また、地域住民の要請をうけて、市町村の有力者などからの「町のなかを引き払って山の方へ移れ」などといった移転要請がないかどうかも調べてみましょう。

ただしここにきて、工業開発の見直しが迫られてきています。また地球環境を救うキャンペーンが世界的に湧きおこっています。緑を守る運動も盛んになってきています。こういう運動の一環として日本の森を守り育てる活動を展開したいものです。

未来の森は、こういった運動の進展いかんにかかわっているのではないでしょうか。

（筧　秀明）

6 どんな職業の人が住んでいるか

(1) 森と氏子集落

家々の集まりを集落といいます。わたしたちの祖先が集落を形成してきた理由は、大きくは生業の維持と外敵からの防御のためです。生業とは暮らしを立てるための仕事のことで、昔は農業や手工業などが主でした。生業も防御も、少人数ではできなかったり、大勢で分担して協力し合う方が大きな成果を得られたりするからです。

集落では人々が共に暮らしていくためのいろいろな決まりが作られ、それを預かってもらう神さまが必要となりました。人々は森に神さまをまつりました。森が神聖で畏《おそ》れ多い場所であったからですが、その森では祭りなども行われ、産土《うぶすな》や鎮守とよばれて人々から親しまれる場所となりました。このような決まりや祭りは、氏子《うじこ》という組織によって運営されてきました。ですから森を考えるときには、それを支えてきた氏子とその集落との関連をさぐることがとても重要なのです。

(2) 氏子集落を調べよう

そこで、その森の氏子が住む集落がどこにあるのか、地域の人に聞いて調べてみましょう。そして、氏子の住んでいる範囲あるいは居住域を国土地理院発行の二万五〇〇〇分の一地形図の上に描いてみましょう。すると、森と集落との位置関係がよくわかります。たいていはすぐ近くの集落が氏子になっていますが、そうでない場合もあります。一つの集落が二つ以上の氏子組織に分かれていたり、その反対に二つ以上の集落が一つの森の氏子になっていることもあります（図6‐1のa、b）。これは開発や勢力争いなど、集落がたどってきた歴史が深くかかわっているからです。

さて、森は氏子の居住域に対してどのような場所にあるでしょうか。居住域のなか、はずれ、あるいは離れたところですか（図6‐1のc～e）。居住域のなかにある森は、最初は広い森だったところが農地になり、

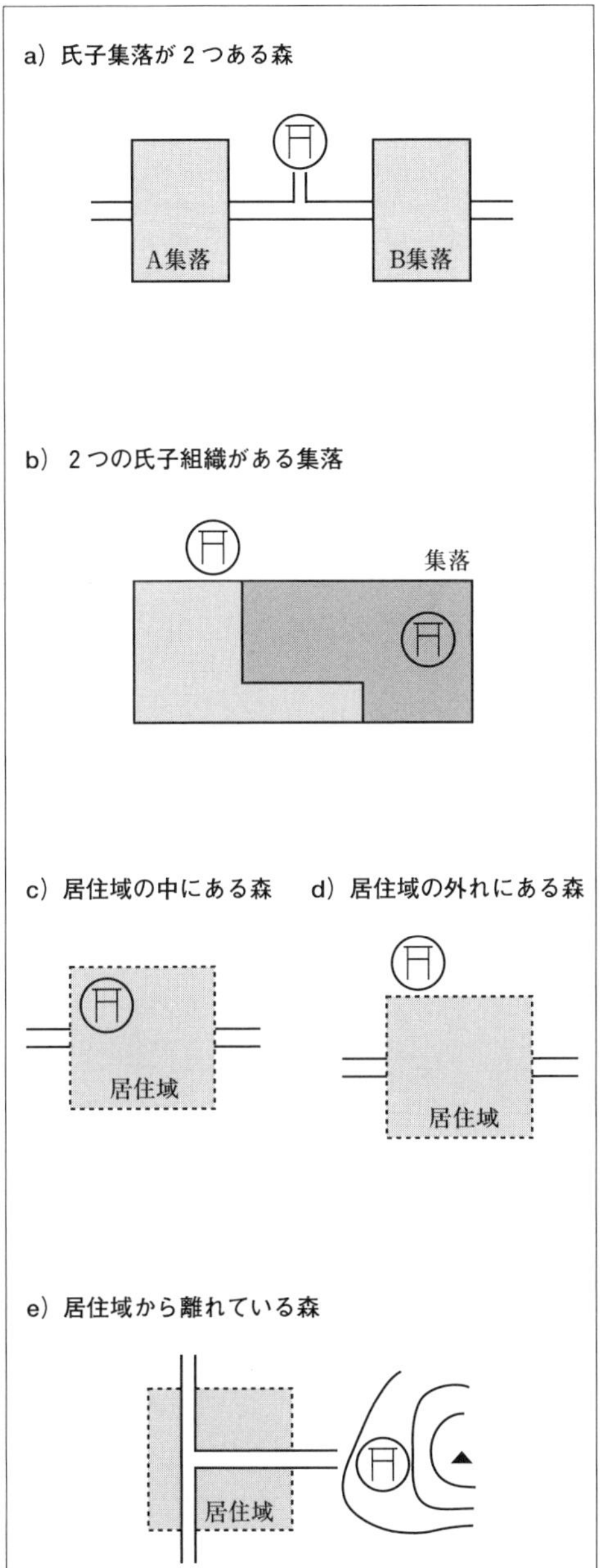

図6－1　氏子集落と森のさまざまな関係例

やがて家々が建ってしまったのかもしれません。離れたところにある森には離れている理由があります。湧き水や川の分岐する場所にあれば、農業に重要な水の神をまつっているのかもしれません。山の麓にあれば、その背後に大きく広がる山の神を、あるいは山の向こうからやってくる神さまをまつっているのかもしれません。

(3) 集落と生業（人々の職業）

森と集落との関係は、そもそも集落ができた頃から始まり、またその集落の起源は人々の生業に大きくかかわっています。田や畑にできる土地があり、作物の生育に必要な水があれば農業を営めます。鉄や銀などの鉱物資源が採れる場所ではタタラ師たちが、山間においては木地師《きじし》とよばれる木材をロクロで加工する技能を持った人たちが集落を作っています。

これらの生業は現在も続き、人々の職業になっている場合がありますから、それを調べれば集落の起源がわかるでしょう。また地名が生業にちなんだものであったり、生業にちなんだ神さまが森にまつられていることも多いのです。

たとえば、養蚕のための桑畑があった山麓や山間の集落にはハタという地名があります。秦、幡、波多、幡多などです。その多くは、絹織物の技術を伝えたといわれる渡来人《とらいじん》の秦《はた》氏にまつわる地名です。朱の原料となる硫化水銀がとれた場所には丹生《にゅう》という地名が多く、これは丹生都比売《にゅうつひめ》という硫化水銀の産出を司る神さまの祭祀を行っていた神官の丹生氏にちなむものです。また、木地師たちは、ロクロの祖神として惟喬《これたか》親王（文徳天皇の第一皇子）をまつっています。

もっとも神さまについては、後の時代に勧請《かんじょう》といってよそから神さまを呼んできたりしていますから注意が必要です。たとえば、全国に広く分布している稲荷《いなり》は、元は京都の伏見《ふしみ》稲荷大社を開いた秦氏一族の氏神であり、これが豊作や商売繁盛を願う稲荷信仰として全国に広まったものです。

さあ、表6−1のような情報源をもとに調べてみましょう。

（澤木昌典）

表6－1　集落を調べる時に役立つ情報源

地名辞典　［図書館で探す］

角川書店などから府県別に発行されている。地名編などには集落ごとの歴史が記されている。

市町村史　［図書館で探す］

各市町村ごとに発行されている（ないところもある）。戦前発行の旧町史なども役に立つ。

神社の由緒書き　［神社で探す］

神社の由来やそこにまつってある祭神の名前などが書かれている。

古地図や古絵図　［資料館・博物館で探す］

昔の集落を描いた地図や絵図が保管されていることがあり、当時の様子がわかる。

古老や郷土史家の話　［地域で聞く］

地域の歴史に詳しい人に話を聞く。本などではわからない貴重な話を聞けることが多い。

このあたりの土地にとって森とは何だろうか

このあたりの土地にとって、森はどのような役割を果たしているのでしょうか。

もし森がなかったと仮定してみましょう。平地の森がないと、代わりに田んぼができたり、住宅が並んだりするでしょう。それだけ緑の少ない風景になります。

また山や山麓に森がないと風景が悪くなるだけでなく、雨が降れば奔流《ほんりゅう》のように水が流れ落ち、土砂崩れがおき、下流地は大被害をうけるでしょう。山に森があることによって日本の国土の形は整えられているのです。

さらに田んぼも森の水の恩恵を受けています。各種のミネラルなどたくさんの栄養を含んだ水が田んぼに流れてきてよい米ができるのです。

その森の水が海に流れ出てプランクトンを養成し、それがよい漁場をつくります。だから日本の漁師たちは森をとても大切にし、率先して森に木を植えているのです。

第二次大戦後の日本の食糧難を救うために、ある外国の学者はアメリカのマッカーサーが率いる司令部に「日本の山で大量の羊を飼育したら食糧難は解決する」と提案しましたが、日本政府はこれを拒否しました。それで今日、日本の山に緑が残っているといえます。日本の土地々の風土や産業、文化に、森はなくてはならないものといえるでしょう。

そのうえ、都市化がすすんでいる現代、この土地の人びとにとって、身近にある森はなによりも気分をおちつかせる、〝いやし〟の役割が大きいのではないかと思います。森のなかに入って、小鳥の鳴き声、セミの声などを聞くことで心を洗われるでしょう。森が身近にあることは幸福です。

また森が遠くにしかない土地の場合も、朝夕にそれを眺めることで、人びとの心がやわらぎます。雨の日、雪の日、それぞれ刻々の森の姿を見ているだけでも、気持ちが落ちつくのではないでしょうか。

森はまた、水をふくんでいます。林間のせせらぎに代表されるような、渓流をそなえていることが多いのです。そういった森のつくりだす雰囲気が、かけがえのないやすらぎのもとになります。その森をとおりぬけることだけでも心がいやされるといえます。多くの人びとがウォーキングや山歩きをこころみているのは、そのような異境体験を期待しているからだといえるでしょう。

この土地の人びとにとって、森はとうとい精神安定剤でもあります。

（米山俊直）

第2章

森に入ろう
建築の顔

上田　篤 編

参道を観察しよう 1

(1) 参道の位置を調べよう

参道《さんどう》は、神社の森にとってとても重要な空間です。ここで参道とは、一般の道路から森のなかの手水舎《てみずしゃ》までの導入空間をいいます。そこから先は神聖な空間あるいはそれを準備する空間だからです。昔はその延長が、一見して境内の外に出ていましたが、今はだんだんなくなってきました。大切なことは、参道はあくまで森（境内）の一部だということです。

まず現参道を地図で確かめてください。また、古い地図や史料などにあたって、「失われた参道」つまり昔の参道がどこにあったのかも調べてみてください。そのためには、今の公道にあたる昔の街道や往還《おうかん》とよばれた道の位置を探る必要があります。もともと参道は、森と街道などとを結ぶものだったからです。その旧参道の土地所有者は、現在、誰になっているのかも調べてみてください。

(2) 参道の意味と役割を考えよう

参道は、ふつう「参詣《さんけい》のためにつくられた道」と考えられていますが、その地域と神社とを結ぶある種の「聖なる空間軸」となっている可能性もあります。大阪府交野《かたの》市の交野神社の参道は、神体山とされる交野山を遠くにのぞんでいます。福岡市の筥崎宮《はこざきぐう》は、社殿とともに参道が博多湾口をのぞんでいますが、大陸からの来襲を防ぐ意図でつくられたことも、その縁起からうかがい知ることができます。このように参道は、特定の意味をもつ山や海などや、方位、さらに森をとりまく人間の生活空間と深いかかわりをもつことがあります。森とその周辺の山川などの歴史や由緒を調べ、社殿の向きや参道の取り方が、それらとどういうかかわりをもっているかを検討してみてください。

また参道は、祭事がとりおこなわれる「祭祀空間」でもあります。祭のときには、ご神体を奉載した御輿《みこし》や山鉾《やまぼこ》が巡行する道となり、その神社独特の行事がおこなわれる舞台ともなります。さらに露店などが立ち並び、人々が集う広場的な空間になる例が多くみられます。参道でおこなわれる神事・行事も調べてみてください。

(3) 参道のデザインを調べよう

参道は、世俗の世界と神の領域をとり結ぶ役割をもっています。また、参拝者が神聖な場所にみちびかれ、しだいに気持ちを高揚する効果ももっています。そのことを演出するのが、参道におかれたさまざまな施設などです。鳥居は、道標であり遙拝所《ようはいしょ》であるとともに、俗世界と神聖な領域とを分ける段階的な「結界」としての意味をもっています。また灯籠、道標、池、川、橋などは、参拝者の歩行をまっとうし、参道を演出するばかりでなく、神社やその地域の歴史や文化、人々の信仰をあらわす文化財でもあります。それらの位置を参道の地図に記入するとともに、いつごろ建立されたものか、またその様式や祈願文なども調べてみてください。玉砂利《たまじゃり》などの舗装も、参道空間にとって大切なものです。その踏み音は、身を引き締めさせるだけではなく、悪霊払いや獣払い、悪虫払いなどの意味もあります。並木は、もっとも重要な要素といえるでしょう。なぜならそれがなくなれば参道は「森の一部」といえないからです。もし並木が切られた参道があれば、その理由をぜひ調べてみてください。そのほか、参道には土産物屋などの店舗があったり、休憩所や子供の遊び場がもうけられていたりします。これらも実際に役立っているケースが多いので、利用状況などを調べてみてください。

(4) 参道のこれからを考えよう

参道の意味や役割がしだいに失われ、参道の周辺に家が建ち、自動車が通るなど、参道そのものが寸断されて昔の面影がなくなっている例が数多くみられることは残念なことです。参道は、本来日常の喧騒《けんそう》からはなれた神聖な世界へとみちびく道行きです。そこは木々のもつ生命力にふれる空間でもあります。参道をもう一度甦《よみがえ》らせるとともに、地域の新しい環境づくりにどう活かすかを、ぜひ考えてみてください。

下の写真と図は兵庫県西宮市の越木《こしき》岩《いわ》神社の参道を示したものです。

（金澤成保）

図1－1　越木岩神社の参道

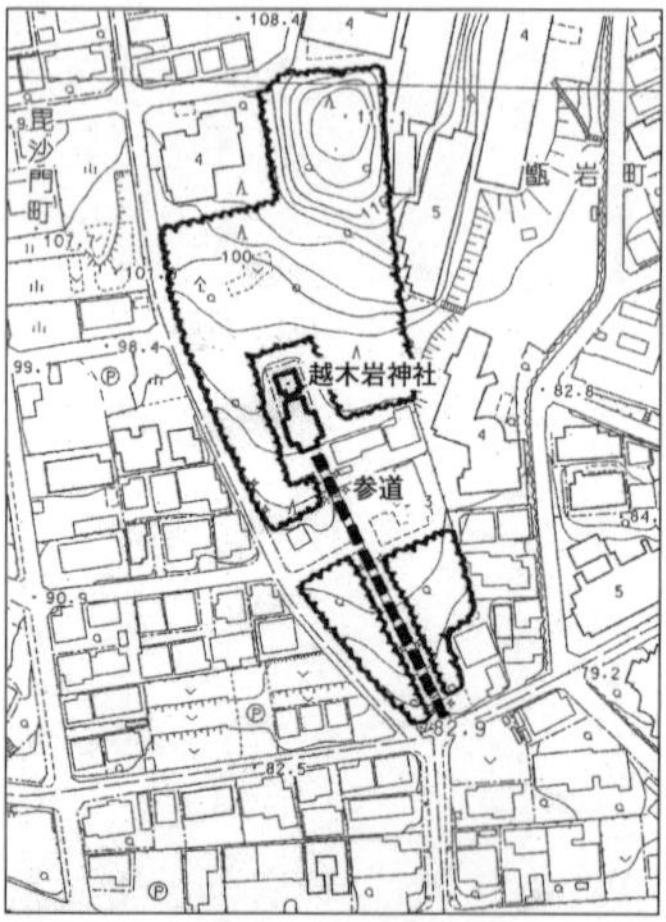

図1－2　西宮市・越木岩神社

2 水源はあるだろうか

(1) 神の森と水の関係を考えてみよう

私たちが生活していくうえで水はとても大切なものです。飲み水は生きていくうえで必ず必要ですし、炊事や洗濯といった生活に使う水も必要です。また、農業、とくに水田にもたくさんの水が必要となります。まず私たちが生きていく、そして生活を営んでいくためには、水の確保が絶対です。そこで大切な水を確保するために集落ごとに神の森が敬われた可能性があります。沼や泉、といった水源のある森が敬われた、そうした観点から神社と水の関係を調べてみましょう。

まず、私たちにとって水は尊いものである前に、怖れるものでもありました。頻繁に洪水を起こす荒れ狂う川をいかに治めるのか、それが私たちの命や生活をまもるための重大な問題でした。神話に出てくるヤマタノオロチ伝説は、荒れ狂う大蛇（オロチ）をスサノオノミコト（須佐之男命）が退治する物語ですが、これは出雲地方を流れる斐伊《ひい》川を大蛇にたとえたものだといわれています。河口付近で分流するそのすがたが、八つの頭を持つ大蛇に似ている、そこからヤマタノオロチのイメージが出てきたのです。そして、それを退治する物語こそ、私たちの先祖が川と戦い、洪水を克服してきた話なのです。川を鎮めるために神の森をつくった、そんな由来をもつ神社もあるはずです。

私たちの祖先はこのように、生活に役立つものを敬うだけでなく、生活を破壊する怖れを抱くものに対しても敬う心をもっていたのです。人間にとってそれは創造と破壊の両面があるからです。それが形になったものが神の森だとすれば、多くの神の森は水と何らかの関係を持っているはずです。また、水がなかったら森も衰えていきます。木も草も、鳥も虫も生き生きと生きていくためには、森には川や泉などの水が必要なのです。

(2) 農耕と神の森の由来

農耕のために水の神を祀った代表的な神が「水分《みくまり》の神」です。水分とは、水を分ける、水を配るというミズクバリが転化したことばです。水分の神には天之水分神・国之水分神がおられ、水源地や分水地に多くまつられています。

これが水分神社ですが、『延喜式《えんぎしき》』には、大和国(奈良県)葛城《かつらぎ》郡の葛木水分神社、吉野《よしの》郡の吉野水分神社、宇陀《うだ》郡の宇太水分神社(図2―1)、山辺《やまべ》郡の都祁《つげ》水分神社、河内国(大阪府)石川郡の建水分《たけみくまり》神社、摂津国(大阪府)住吉郡の天水分豊浦命神社が載せられています。

また「川上の神」も水を司る神で、『延喜式』にも大和国の丹生《にゅう》川上の神があげられています。丹生川上神社は、奈良に都があった時に盆地の南を流れる吉野川上流の丹生川の水源地にまつったもので、大雨や干魃《かんばつ》の際には丹生川上神社に祈願したといわれています。

京都に都が移ってからは、その役割を洛北にある貴布祢《きぶね》(貴船)神社が担うことになりました。神武《じんむ》天皇の母である玉依姫《たまよりひめ》が、黄船に乗り、淀川、鴨《かも》川をさかのぼってその水源を求めていたところ、川のなかから霊泉が吹き上げていた。そこに祠《ほこら》を造ったのが貴船神社のはじまりとされています。そこは今の奥宮（図2−2）であり、いまも奥宮本殿の下には龍穴という大きな穴が開いています。また、本宮の社殿前の石垣からは「御神水」（図2−3）が湧き出しています。

丹生川上神社や貴船神社には、高龗神《たかおかみ》、闇龗神《くらおかみ》、水波《みずは》能売神《のめのかみ》がまつられていますが、ともに水の神であり、高龗神は山上の龍神、闇龗神は谷の龍神、水波能売神は水の神と考えられています。

図2−1　宇太水分神社

図2−2　貴船神社奥宮

図2−3　貴船神社御神水

(3) 池や川などがどこにあるか調べよう

神の森と水の関係を調べるために、神社の境内や付近に井戸や沼、池、泉、川、水路などがないか、調べてみましょう。まず、地図を使って神社の周辺に池や川、水路がないかどうか、また、神社に出かけていって、境内に井戸や池、泉がないかどうか、を見てみましょう。

たとえば、わたしが住んでいる近くでは、茨木《いばらき》神社（大阪府茨木市）の境内に「黒井の清水」という井戸があります（図2-4）。豊臣秀吉が大阪城でひらいた大茶会の水を汲んだとされる由緒ある井戸です。また、磯《いそ》良《ら》神社（大阪府茨木市）には「玉の井」（図2-5）という井戸があります。ここは通称疣水《いぼみず》神社とよばれています。昔、神功《じんぐう》皇后が朝鮮半島へ戦に赴くとき、強く見せるため男性の格好をしようとしました。そのとき、この「玉の井」の水で顔を洗われたところ、不思議にも美しい皇后の顔がみるみる疣や吹き出物で覆われ醜い男のような姿になってしまったという話が伝わっています。

こうした井戸や泉、滝といった水源にあたるものが神社にないかどうかを調べてみましょう。貴船神社の御神水のような湧き水があるか

図2-4　茨木神社「黒井の清水」

図2-5　磯良神社「玉の井」

もしれません。

また、川は付近にないでしょうか。大阪府豊中市《とよなか》の例でみてみましょう（図2－6）。水源として利用していたために神社が設けられた場合と川の氾濫を鎮めるために神社が設けられた場合がありますが、神社は川と何らかの関係があったと思われます。

湧水と神社の関係をみていくためには、地形を調べておくことが大切です。湧水は地下水が地表面に湧いてくるものですが、貴船神社の御神水のように断崖の途中から湧き出ているもの、崖下や谷下で地下水位が上がって湧き出たもの、があります（図2－7）。後者の場合、溜まって沼や池になっていることが多いと思います。また、扇状地では、扇頂や扇端から水が噴き出ますが、扇央には水はありません。川が蛇行する滑走斜面でも同じことがいえます。こういう地形のことも頭に入れて調べましょう。このように、神社と水を調べることで地下水脈の位置を読み取る手がかりにもなります。

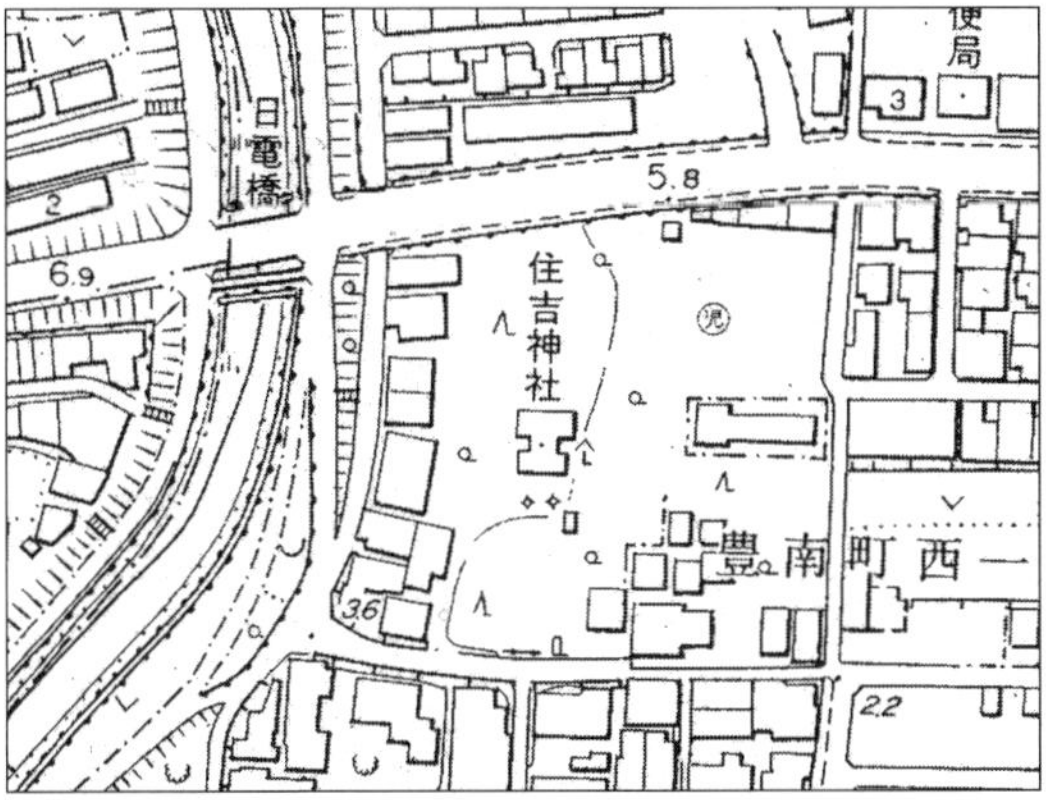

図2－6　神社と川の関係（大阪府豊中市）

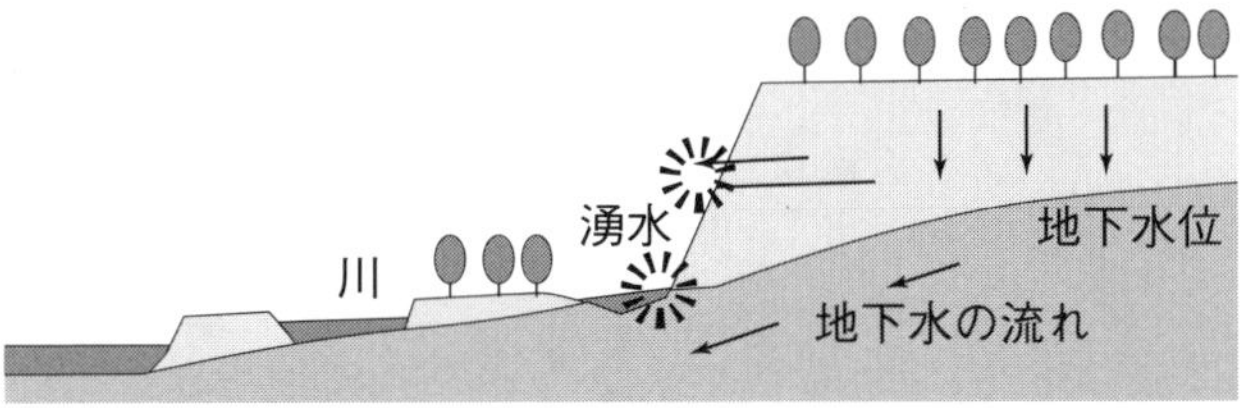

図2－7　地形と湧水の関係

(4) 神の森と水にまつわる話を調べよう

神社はもともとそこにあったとは限りません。神社が移転している場合には、旧社地といわれるもとあった神社の境内や付近に、池や泉、井戸などがあったかどうかも調べる必要があるでしょう。先の茨木市の例を昔の地図（近代の地図としては明治中期に陸軍が作成した地形図があります）などで神社の位置を確認し、調べてみましょう（図2-8）。また、昔の地図をみると、いまは暗渠《あんきょ》になって見えなくなってしまった水路も調べることができます。多くの川が埋め立てられてしまったケースが多いのです。さらには森のなかの水源や滝が、霊跡や奥宮などになっている場合もあります。

また、神社の由来や祭神、神社にまつわる故事来歴に、水に関係した話がないかどうかも調べましょう。そのなかに、神社と水の関係を示す手がかりがあるかもしれません。また、地域に伝わる昔話にもヒントがあるかもしれません。さらに、過去にあった水害のケースを調べることが大切です。それによって地下水などの経路を知ることができます。氏子や神主さんに話を聞いたり、郷土資料館や図書館などに行って市史や史料を調べてみましょう。そして、その由来や物語に関連した川や池、泉や井戸などが実際にどこにあるのかを調べてみましょう。

（久　隆浩）

図2-8　昔の地図を見てみよう（明治18年現在の茨木市）

なぜ身体を浄めるか

3

(1) 手水舎前の広場(神地外庭)

森(神社など)の領域は境内とよばれます。境内は森のなかで建物が建つ敷地に加え、大きな森では、森のほかに庭園あるいは田植え神事を行う田んぼなどまで含む場合があります。また、建物が建つ敷地周りだけを境内ということもありますが、ここでは境内は森の領域全体をいい、建物が建つ敷地の周りは広場とよぶことにします。

広場は、大きな森ですと、二つあります。まず、境内に入り参道を進むと、ふつう、お参りの前に水で身を清める場所、手水舎《てみずしゃ》があります。ここで手を洗うことが禊《みそぎ》を意味し、ここを境として俗なる世界から聖なる世界へと入っていく重要なポイントとなります。そしてこの手水舎の周囲または前方には広場があって、その周りにさまざまな建物があります。祓殿《はらいでん》、斎館《いつきかん》、神楽殿《かぐらでん》、宝庫、社務所などです。ここを「神地外庭」という森もあります。二つ目の広場は次項に述べます。

さて「手水舎前の広場」の広さは、森の規模によって異なります。とても広い広場をもっていろいろな行事を行う森もありますが、手水舎や神殿(本殿)の前の庭といった程度の広がりしかない場合もあります。

(2) 発生

神社のことをヤシロといいます。同じような言葉に、田代《たしろ》や苗代《なわしろ》という言葉があります。それぞれ「田んぼになる土地」「稲の苗を育てる土地」を意味します。つまり、シロは土地のことを意味するので「ヤシロは屋（ヤ）を建てるシロ」つまり敷地のことです。この屋は、神様を迎えるために建てられる建物ですが、ヤシロという言葉から想像できるように、土地の方に重点が置かれています。このことから、建物は昔は仮のものだったのではないか、と考えられます。実際に建物が粗末な神社もたくさんあります。

このように、ヤシロは、建物の敷地を意味します。このことからも、森の広場は、ヤシロから発生したと考えられ、とても重要な役割をもっていると思われます。

(3) 何が行われるか

お正月に神社に初詣《はつもうで》すると、この広場で火を焚《た》いたりします。寒い時だから火の暖かさは嬉しいものです。昔はこの火で、去年いただいた破魔矢《はまや》などを燃やしたりしたのですが、最近は暖をとるのが主目的になっているようです。

火を焚くといえば、「どんど焼」があります。これはお正月に使った松飾りや注連縄《しめなわ》などを集めて燃やす行事です。これをこの広場で行う神社もあります。

さて、この広場で行われる最大の行事は祭ですが、みなさんの町や村の神社では、この広場で、どのような祭が行われるのでしょうか。祭は特定の日に限って行われるものですが、その祭が神社にとって一番大切なものです。その祭の行われる場所が広場なのです。もっとも、最近では、フリーマーケットなどの祭と関係のないイベントも行われているかもしれません。

なお、森の広場には、いつでも、誰でも、自由に入っていけます。ですから森の境内では、参拝する人たちばかりではなく、散歩する人や子供たちの遊ぶ姿をよく見かけます。

お寺の場合ですと、一般に境内が塀などで囲まれ、入口に門が設けられていますが、神社では門がないのが普通です。もっとも、大きな都会ですと、門をもった神社をみかけることがあります。

図3－1　兵庫県三田市貴志の御霊神社の秋祭り

(4) 何を調べるか

では、手水舎前の広場について、次のようなことを調べてみましょう。

ア　手水舎の水は自然の水か水道の水か。
イ　手水舎のすぐ前に広場があるか、少し離れているか。
ウ　その広場は「神殿前の広場」と一体になっているか、離れているか。
エ　広場の広さはどれくらいあるか。玉砂利などは敷かれているか。
オ　川、池、泉などの水面があるか。水はきれいか。
カ　ご神木、その他の樹木のたたずまいはどうか。おみくじが結ばれているか。
キ　神楽殿などの社殿があるか。いつごろ建ったか。
ク　どんなお祭が行われるか。どれぐらい人が来るか。
ケ　普段どんな利用がされているか。子供たちが遊んでいるか。

（鳴海邦碩）

4 「ご神体」とは何だろう

(1) 神殿前の広場(神地内庭)

前項で述べた「手水舎《てみずしゃ》前の広場」を境として俗から聖なる世界へと足を踏み入れると、ふつう次に現われるのがこの「神殿(本殿)前の広場」です。多くは段差を設けたり、垣や廻廊で囲まれています。大きな森の場合、広場は、基本的にこの2種類によって構成されています。前者を「神地外庭」、これに対して後者を「神地内庭」とよぶこともあります。両者をひっくるめて古くは「神庭《かんにわ》」とよばれました。いまでは単に「庭」「広場」などともよばれます。ときに「境内」ともよばれますが、境内は森全体の敷地をさし紛わしいので、ここでは使いません。

(2) 主神殿と拝殿

その昔、社叢《しゃそう》には建物はなく、神庭あるいは広場のみがありました。森のなかには、現在でもしばしば「禁足地《きんそくち》」あるいは「入らずの森」とよばれる場所がありますが、そこに神が鎮座する、あるいはそれ自体が神体とされていて、神庭はその神に祈りをささげる場所として機能していたのです。その後、神が鎮座するための建物としての、あるいは「禁足地自体が建築化したもの」としての神殿ができました。なお、現在、神殿前の広場と禁足地は、連結していて一体不可分になっている場合が多いようです。次に、神庭に人が拝むための建物としての拝殿が建てられました。これも「神庭が建築化したもの」と考えられます。神殿と拝殿の前後関係は定かではありませんが、奈良県桜井市の大神《おおみわ》神社には神殿がなく拝殿のみが存在します。一方、伊勢神宮は神殿は存在するけれど拝殿はありません。このように、神の鎮座する場所と人が拝む場所とを分けるのが、神社建築の特徴とされています。

なお、これら社殿の建築的特徴は、高床《たかゆか》構造ということです。古代には、たいていの人々が水はけのいい土地を一メートルほど掘り下げる竪穴《たてあな》住居などに住んでいたのですが、森のなかのこれらの建物は、それとは違って当時の倉建築を模倣した高床住居でした。冬寒いにもかかわらず、敢えてこのような構造をとったのは、オオカミなどの森の害獣対策ではなかったかという見方があります。

(3) 垣、廻廊、そして玉砂利

さらに、広場には社殿を囲む垣や廻廊《かいろう》がめぐらされている場合が多いですが、これらにも、神殿の性格上、対人防御というよりは、森のなかの害獣や害虫から「祈りの場」を守る機能があったのではないかと考えられます。図4-1に、京都府八幡市の石清水《いわしみず》八幡宮の楼門《ろうもん》と廻廊の事例を示しました。これらは仁和二年(八八六)の造営とされており、このような施設のなかでは最も早い時期のものといわれています。

また、地面には白い玉砂利《たまじゃり》などを敷き詰めますが、これも、ヘビやムカデなどの害虫類が保護色的な場を好み白色の場を嫌う性質を逆手に取ったものという見方があります。森は自然の息吹きを感じられるすばらしい空間ですが、同時にそこには害獣や害虫がたくさんいて、それらから人が身を守る必要から神社建築はできあがったという考え方です。

(4) 何を調べるか

では、神殿前の広場で、何を調べたらいいのでしょうか。たとえば、次のようなことを考えてみてください。

ア　広さはどれぐらいあるか。どんな形をしているか。

イ　神殿はあるか。神殿の裏に禁足地があるか。神殿と禁足地は連続しているか。

ウ　主神殿の高さはどのくらいか。どんな様式か。いつごろ建てられたか、または建てかえられたか。南向きか、そうでなければ、方位は。主神殿の後ろまたは横に形のいい山があるか。近くに古墳があるか。

エ　配祀神神殿（主神のほかの神。相殿《あいどの》神ともいう）はあるか。いつごろ建てられたか。どんな様式か。

オ　拝殿、垣、廻廊、楼門などはあるか。いつごろ建てられたか。どんな様式か。

カ　ほかに幣殿《へいでん》（幣帛《へいはく》を奉る建物）や祝詞殿《のりとでん》（祝詞を奏上する建物）などはあるか。いつごろ建てられたか。どんな様式か。

キ　神殿の下や周りなどに、白玉砂利が敷き詰められているか。でなければ、どんな舗装になっているか。

図4－1　石清水八幡宮の楼門と廻廊

（井原　縁）

5 巡拝路を廻ろう

(1) 森のなかの巡拝路

参道から森のなかに入ると、神社の森などでは、まず手水舎《てみずしゃ》があります。そしてその前が神地外庭あるいは広場になっていて、ふつうその奥に主祭神などがまつられる神地内庭、あるいは神聖な広場があります。もちろん、両者が一つになって神地あるいは広場を構成しているケースも多いです。

そして、内庭の神殿（本殿）などを参拝したらそのまま折り返してまたもとの参道に帰る、という小さな森もありますが、内庭の神々以外にも多くの神々がまつられているために、内庭から、または外庭から、内庭の神々以外の神々を順番に回る道が用意されていることがあります。これが「巡拝路」と考えられるものです。

(2) 巡拝路のタイプ

その巡拝路には、どんなタイプがあるのでしょうか。考えられるのは次のような型です。

ア　単線型　参道から主祭神の神殿を参って、そのままもとの参道へ帰るタイプ。参道が巡拝路になっていて、参道の途中に神々がまつられることがある。いちばん多い型である。

イ　広場型　神殿の内庭、あるいは外庭に面して多くの神々がまつられていて、それらの神々を参拝してもとの参道に帰るタイプ。大阪府茨木市の溝咋《みぞくい》神社のように、この型も多い（図5−1）。

ウ　奥宮型　神殿の奥に、さらに奥宮があって、その奥宮に参って、また神殿を通って参道に帰るタイプ。古い森にはこの型が多い。

エ　多参道型　参道が二つ以上あるタイプ。急坂の男坂と緩やかな女坂をもつものも含める。その途次に神々がまつられることがある。

オ　通り抜け型　参道が神殿のある内庭や外庭を通って通り抜けられるようになっているタイプ。長崎県五島《ごとう》列島の福江《ふくえ》島の八幡神社は社殿を通り抜けて海へ出るようになっている。

カ　回遊型　神殿からの回遊式ルートになっていて、その回遊式ルートにある神々を巡拝して、参道に帰るタイプ。これも多い。

キ　ネットワーク型　神々の参拝路が網の目状になっていて、いろいろなコースが選択できるタイプ。伊勢神宮の内宮や外宮はこの型といえる（図5−2）。

ク　その他　いったん森の外へ出て、別の参道から参るタイプや広島県厳島《いつくしま》神宮のように海から船で参るタイプ。以上の複合型など。

あなたの調べているこの森の巡拝路は、どんなタイプでしょうか。

図5−1　「摂津国三島郡溝咋村　式内　溝咋神社境内之圖」

(3) 社殿

巡拝路にある社殿も、主祭神との関係で、立派なものとそうでないものとがあります。それには次のようなタイプがあります。

ア　有垣型　垣で囲まれた内側に社殿があるもの。地主神など主祭神と関係の深い神であることが多い（図5−3）。

イ　無垣型　垣をもたない社殿。これが一般的である。

ウ　無垣小社殿型　垣をもたないもののうち、人がやっと入れるくらいの小さいタイプ。非常に多い（図5−4）。

これらの社殿は、本社の摂社《せっしゃ》、末社《まっしゃ》とされるものが多く、森の歴史を知るうえでは大切なものです。

(4) 小祠

小祠は小さな祠です。祠は、ホコラ・ホクラと訓《よ》み、秀倉または宝倉などとも書きます。そしてミヤは宮または御屋、ヤシロは社または屋代などとと記します。宮などの用語は、小さい社殿にも使われることがありますが一定はしていません。そこで、小さな祠あるいは宮に

図5−2　伊勢神宮内宮宮域略図

たいしては、小祠あるいは小宮という言葉が使われます。小さいといっても、その程度にはいろいろありますが、人間がたとえかがんでも、そのなかに入れないものと考えていいでしょう。

これには、木造の屋形をしたもののほかに、石造のものもあります。また自然物の木や石のくぼみなどを利用したものもあります。あるいは、石龕《せきがん》(神仏を安置する小箱)、龕《がん》(岩崖を掘削して室を作り神仏を安置する)といったものもあります。

この小祠の発生について民俗学者の岩崎敏夫さんは「美しい山や海、恐ろしい火山や地震、淋しい森や淵、気味悪い蛇や亀、不思議な生殖作用、強い動物、たくましい大木や古木、奇妙に病気の治る温泉など」といったように、主に自然物ないし自然的な作用に神秘性を認めたことから起きた、と見、具体的に死者をまつる端山《はやま》信仰などと関係づけて次のようにいっています。「はやまなどは山そのものを神聖視して祠をつくらぬ時代が近世まで続いていたが、それでは物足らなくなったと見えて祠をつくるようになった。多くの山神の如く、霊木を神の在す所と見立ててまつっていても、木ではどうかと思うようになって樹木に祠を置くように

図5－4　磯良（疣水）神社内の玉之井神社（大阪府茨木市）

図5－3　溝咋神社内の厳島神社（大阪府茨木市）

した。足尾の如く石碑などに草鞋をむすびつけておいても、雨ざらしでは相済まぬと考えるようになって屋根をふいた。毎年つくりかえる氏神をまつる藁《わら》の祠も、藁ではお粗末だというわけで、木や石で永久祠をこしらえた」（『本邦小祠の研究』）。これからみると、小祠は比較的新しい時代になってつくられたものが多いようです。

また小祠の発生の具体的な契機について、次のようなケースがあげられます。相馬《そうま》藩の例で件数の多い順に記すと、領主の建立（二〇）、勧請《かんじょう》（一五）などのほかに、霊鳥霊魚（一二）、先祖の冥福の祈願（一二）、祈雨の祈願（一二）、不思議の出現（九）、神の指示（八）、開墾成就（八）、雷の威力（六）、木石の霊（六）、漂着神（五）、その他水の湧出所、狼害《ろうがい》防止などです（『奥州相馬藩の正史』全一七八巻、明治四年）。ひとつの傾向がわかるでしょう。こういうことを念頭において森の小祠を調べてください。

(5) 霊跡

この巡拝路には、建物の形はしていないが、かわりに岩石、樹木、池泉などがあって、しかも神さまが出現された跡として聖地とされているものがしばしばあります。詳しくは、「8森の外に聖所を発見する」をご参照ください。そのほか、しばしば他の聖所を参拝する遥拝所もあります（図5-5）。なお、森のなかですが、巡拝路にない小祠や霊跡があることもあります。これについては、森の管理者と相談して調べてください。

（藤井勝美）

図5-5　牟禮神社（大阪府茨木市）の遥拝所

6 森のマップを作ろう

(1) 森の範囲

ここでは、以上の「建築の顔」で調べてきたことをもとに、森の建築のマップをつくります。森を構成する空間には、人が利用する歩行空間(参道、広場、巡拝路など)と施設空間(社殿等の建造物の敷地)以外に各種の樹林地、庭園、池などがあります(図6-1)。これらを区分してマップをつくっていきます。また、鎮守の森ならではの「入らずの森」にも焦点をあてます。

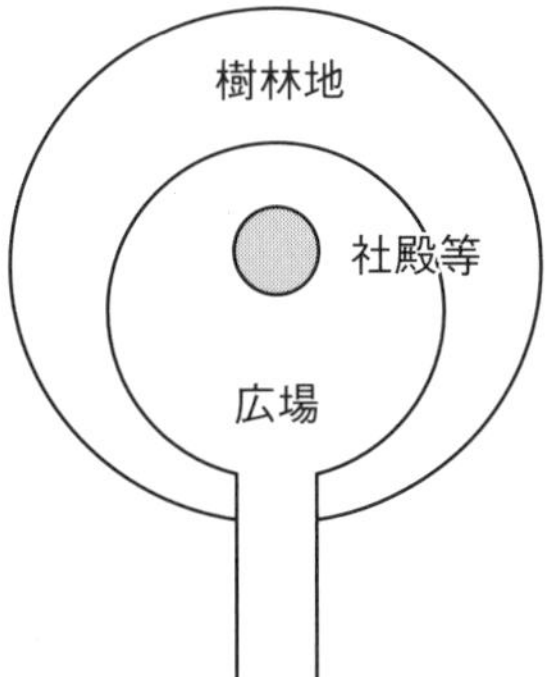

図6-1　森(境内)の範囲概念図

(2) 道と広場

これまで森を調べるなかで、森のどこを歩きましたか。「藪こぎ」のように、鬱蒼《うっそう》とした森を切り開きながら調べた人は別として、おそらく舗装された道や平坦な広がりのある空間など、歩きやすく整備されたところ(歩行空間)を歩いたのではないでしょうか? これまで調べてきたことを整理して、歩行空間を地図にプロットしましょう。地図は第1章の「2森をプロットしよう」で見たように、森の大きさによって二五〇〇分の一、または、五〇〇分の一がよいでしょう。その上にトレーシングペーパーを置いて書き、あとで自由に拡大または縮小してください。

歩行空間を、大きく道と広場に分けて整理します。道では、参道や聖なる場所を巡る巡拝路があります。広場では、手水舎《てみずしゃ》前の広場と神殿前の広場があります。その他にも、池などの水面や橋、階段、庭園、休憩場所や子どもたちの遊び場、駐車場などが考えられます。

さて、まず参道の鳥居、橋、道標、燈籠、狛犬《こまいぬ》、楼門、さらに並木などをプロットしましょう。また、巡拝路も見ましょう。そこにも樹木や燈籠などがあるでしょう。それから、広場内の鳥居、橋、燈籠、それに樹木等をプロットしてください。古木や名木、大木、それに榊《さかき》や杉、松、梛《なぎ》などは、鎮守の森において神木として取り扱われていることがあります。また、風景木もあるでしょう。その他、庭園や川、池、泉などの水面、休憩所、子どもの遊び場、駐車場等も記入してください。

(3)社殿等の敷地

参道、広場、巡拝路に沿って、社殿などの敷地があります。一般的には、表6-1に揚げる施設のための敷地です。

森には、それぞれ固有の構成と配置がみられるため、まったく同じ姿をみせるものはないといってよ

表6-1

参道	鳥居、社殿、小祠、霊跡、駐車場等
手水舎前広場（神地外庭）	手水舎、祓殿、御饌殿、舞殿、神楽殿、斎館、社務所、絵馬殿、宝庫、便所等
神殿前広場（神地内庭）	神殿（本殿）、権殿、拝殿、幣殿、祝詞殿、門、垣、回廊等
巡拝路	社殿、小祠、霊跡等

いでしょう。ですから、右表に示すような社殿等がたくさんある森もあれば、ほとんどない森もあることに注意してください。

(4) 樹林地の範囲

森のなかで、(2)の「道と広場」と、(3)の「社殿等の敷地」、それに水面、駐車場等の人工的空間を差し引いたものを樹林地の範囲と考えて間違いないでしょう。もっとも、いちがいに樹林地と言っても、完全な自然林もあれば、人為的に植栽された植栽地もあります。また、いまでは樹木のない荒蕪地もあります。樹木種等については、「植物の顔」でくわしく調べますので、ここでは、樹林地の範囲だけを地図にプロットしてください。

樹林地の範囲を地図にプロットすることで、森の全体的な平面形態を知ることができます。ほとんど樹林がないもの、社殿の背面に樹林がみられるもの、参道や境内を除く他の部分が樹林で覆われているものなど、いろいろあります。樹林地とその他の空間との位置関係にも注意してください。

(5) 「入らずの森」の範囲

最後に、鎮守の森の樹林地には「入らずの森」がある場合があります。これをプロットしましょう。入らずの森、あるいは禁足地とは、文字通り、人が足を踏み入れてはいけない場所です。森を調べるなかで、垣や柵で囲われていて入れない場所に気づいた人がいるはずです。それが、入らずの森です。

入らずの森についての理解を深めるために、具体的な例をみましょう。

奈良県天理市の石上神宮《いそのかみ》は、拝殿の奥に剣先状の石玉垣で囲まれた空間があり、大きさは、東西四四・一メートル、南北二七・九メートルです。現在は神殿が建っていますが、以前は神殿をもたない神社でした。大正期に神殿が築造されるまでは、ここに磐座《いわくら》が設けられ、神籬《ひもろぎ》がまつられていたといわれています。これが入らずの森とよばれる空間です。

このように、昔の人々は森に畏敬《いけい》の念を抱き、その一定の範囲を神の場所とし、あるいはご神体としていたのです。しかし、現在では周辺の開発等により、その量を減らし、かろうじて残っていても、単に柵で囲まれた空間でしかないことが多いようです。

日本人と森とのかかわりを念頭におきながら、入らずの森をプロットしてください。

(6) マップをつくろう

これまで、整理してきたことをまとめて、森のマップを完成させます。単に、清書するのではなく、森を調べるなかで感じたことを、自分なりの絵として完成させましょう。

マップをつくるなかで、森の平面的な形、社殿等の配置、参道や巡拝路等の構成、それらを包む森の姿などが、しだいに明らかになってくることでしょう。

参考として、大阪市天王寺区の生国魂《いくたま》神社（図6-2）のマップ（図6-3）を次に示します。

（徳平祐子）

図6－2　生国魂神社　左）拝殿と本殿前広場　右）本殿前の鳥居

①	浄瑠璃神社		
②	家造祖神社		
③	鞴神社	⑥	源九郎稲荷神社
④	城方向八幡宮	⑦	稲荷神社
⑤	鴫野神社	⑧	巳さん群棲の御神木

図6－3　森のマップ（大阪市生国魂神社）
現在、同社には「入らずの森」はない。

7 森のなかに心を打つような場所を発見する

おそらく古代日本人たちが、人間の力を超えた「神」の世界を想像するには、自分たちが日々暮らす風景とはまったく違う、いわばふだん見たことのないような特別に美しい幻想的な世界か、奇異な風景で、ある種の恐怖感をさえ味わい、そこに入ると「身が引き締まる」ような景色や場所をモデルにしたにちがいありません。

ですから、山中、山上とか海辺や崖上などの立地はもとより、神社とそれをとりまく境内や森の全体の雰囲気は「神さまを感じる特別の場所」という感じのはずです。これを「非日常性」といいます。ふつう人々がくらす場所とは違う、特別の地形や立地で、その空間質が①清浄で、②美しく感動的で、③恐ろしい・畏《おそ》れ多い、④珍しさ・面白さ・不思議さを感じさせるような場所を見つけてみてください。

(1) 清浄な場所

冷たくて清らかな湧水や川。亭々と天にもそびえる針葉樹の大木。箒目《ほうきめ》や砂紋がはっきり見える掃除が行き届いた敷砂。水を打った石畳。きちんと刈り込まれた境内を囲む生垣など、それぞれ清浄さを感じさせる個別の要素である場合と、各要素がお互いに組み合わされたり、連続して清浄感を出している場合があります。そうした様子を写真やスケッチで記録するだけでなく、その場所に自分の身を置いて清浄感を体感してみましょう。

(2) 美しい場所

社殿などの建築や彫刻そのものが美しい物であることも多いでしょうが、一点からの眺め、連続するシークエンス(移動景観)に深い感動を感じることもあります。一の鳥居から眺めたとき、石畳がずっと真直ぐ続き、その参道の最も奥に本殿があり、その背景にはうっそうとした森、その上を見上げると森の間から空が眺められる。たとえばこのような「奥行き感と壮厳さを感じさせる美しい風景」を発見してみてください。近景・中景・遠景が重なり合った奥ゆかしさ。濃い緑の森の「背景」と朱塗りの社殿の「点景」の効果的なコントラスト。池に映る樹木の影。森のなかの広場に落ちる木漏れ日《こもれび》の美しさなど社叢と境内に独特の美しさを見つけ味わってください。

(3) 畏怖・畏れを感じる場所

大きな岩(磐座《いわくら》)、たくさんの岩で囲まれた場所(磐境《いわさか》)、特別目立つ高い山、高い樹木、うっそうとした深い森(神籬《ひもろぎ》)、深い森のなかの池(神池《こうち》)などの風景は、いかにもそこに神が宿るようにみえます。古代人はそういう場所に「神」を感じたのです。アニミズムです。だから神社の森は公園の樹林とはどこか違うのです。自然の偉大さ、何故かインスピレーションを感じる、いわばスピリチュアル・ランドスケープ(精神的風景)とでもいう景色をさがしましょう。同じ高さの木でも針葉樹と広葉樹で畏《おそ》れの程度がちがうでしょう。注連縄《しめなわ》が廻《めぐ》らされるとさらに畏れの程度が高くなります。何故でしょうか。

(4) おもしろい場所

狛犬《こまいぬ》、鳥居《とりい》、灯籠、手水舎《てみずしゃ》の彫刻、絵馬堂《えまどう》など境内の一部には、目を惹《ひ》きつけるおもしろい物、めずらしい物があります。寺院独特のもの、神社独特のもの、神社によって違う形。神聖なもの、恐しい物、おどけた物、よくわからない物等、あなたの興味を引いた物を記録して比較してみてはどうでしょう。昔の人たちが、どのような装置や道具立てで、どのようにして「神域」(神さまの世界)を感じたのか、また感じさせようとしたのか調べてみましょう。

(進士五十八)

8 森の外に聖所を発見する

(1) 森の外

神社などの森の内に限らず、森の外にも聖地はいっぱいあります。しかし一口に森の外といっても、昔は大きな森だったけれど、長年の間に森の周辺の開発が進んで小さくなった可能性があります。そこで昔から森の外だったばあいと、昔は森だったが今は森の外になってしまったばあいとを見極めなければならないでしょう。

大分の宇佐《うさ》神宮は全国の八幡神社の総本社として知られ、境内には池沼のほか「お鍛冶場《かじば》」（図8−1）という名の井戸があり、その佇《たたず》まいは沖縄のウタキ（図8−2）という本土の神社に相当する森の拝所の泉に似ています。また森（境内）の外には「阿良礼宮《あられのみや》」という名のかわいい森、「鉾立宮《ほこたてのみや》」という名の榊の木、「椎宮《しいのみや》」という名の椎の木などがあって、みな聖地、すな

図8−1　宇佐神宮「お鍛冶場」

図8−2　沖縄の「ウタキ」
（斎場御嶽〈せいふぁうたき〉）

わち霊跡となっています。これらの霊跡は、現在は田んぼや市街地のなかにバラバラに存在していますが、かつては大きな一つの森がこれらを包んでいたと推測できます。日本全国の多くの古い神社の構造も、こういう姿だった可能性があります。

(2) 山

昔も今も、初めから森の外に聖地がある、というケースがあります。そのもっともポピュラーなものは山です。もちろん今も山を境内としているところがありますが、多くは境内の外です。古い神社などのばあい、神さまはしばしばこの山の峯の岩や木に降臨されます。それは平安時代の法典である延喜式祝詞《えんぎしきのりと》の大祓詞《おおはらえことば》に「天津神は天磐戸《あまのいわと》を押披《おしひら》きて聞食《きこしめ》し、国津神は高山の末、短山《ひきやま》の末に上りまして聞食される」とあるのをみてもわかります。このように神さまの出現される山を「神奈備山《かんなびやま》」とか「神体山《しんたいざん》」などといいます。奄美《あまみ》では「オボツ山」といい神が常在するウタキとされます。本土では浅間《せんげん》神社の「富士山」、奈良県桜井市の大神《おおみわ》神社の「三輪山《みわ》」などが有名です。京都の上賀茂《かみがも》神社も神殿の背後にある「神山《こうやま》」を遥拝します。

なぜ山を遥拝するのでしょうか。各地に端山《はやま》信仰があります。神の宿る奥山を岳ともいいますが、奥山にたいして里近くのタケがハヤマです。東北の相馬地方では、肉体を葬るホトケッポ（仏場）にたいし、霊をまつるトウバツカ（塔場塚）がハヤマの上にあります。また山は海からよく見えるために、しばしば漁師たちのヤマ、すなわちランドマークになりますが、それは、漁場などの位置を覚えるために、陸上の遠近四点のヤマを見通してえられる二本の直線を結んで位置を確かめるヤマ当てをするからです。そのばあい、陸上の岬、森、そして山などがヤマとなります。山の神社の杉などもしばしばヤマになります。こういうところから「神は山に在《あ》られる」と説く見方もできるでしょう。

つぎに、昔も今も聖地が遠く離れているケースがあります。宇佐神宮の南には、このあたりでいちばん高い御許山《おもとやま》の山頂に三つの巨石の磐座《いわくら》があり、古くから、天照大御神《あまてらすおおみかみ》と素戔嗚命《すさのおのみこと》の御子の市杵島《いちきしま》、湍津《たぎつ》、田霧《たぎり》の三女神がまつられています。もとは玄界灘の海人《あま》集団の神さまで、遠く北九州から御許山へ天下り、さらに里へ移動したとされます。森の外の聖地と神社の関係を示す一つの例です。

(3) 霊跡

霊跡とは、神さまが出現なさった場所です。先に述べた山も霊跡です。神さまには先の「大祓詞」にもあるように「天つ神」と「国つ神」の二系統があります。アマツカミは高天《たかま》が原《はら》、あるいは大陸からやってきたとおもわれるアマテラスを奉祭する人々の子孫で、古くは奈良時代にアマツカミを中心に全国の神社が整理され、社殿が建てられました。一方、クニツカミは古くから日本列島におられた神さまで、大国主命《おおくにぬしのみこと》のような有名な方から魑魅魍魎《ちみもうりょう》までいろいろです。たとえば、伊勢神宮はアマテラスをまつった神社ですが、その境内には「石神」「石畳」「瀧祭神《たきまつりのかみ》の社壇」「撫《な》で石」「三つ石」「神石」（図8–3）などあり、また神宮の森から一二キロ離れた田んぼのなかにはただ石が置かれただけの加努弥《かぬみ》神社（図8–4）という霊跡があります。これらはクニツカミなどをまつったものと考えられます。

このように、霊跡には一般に社殿はなく、山や石、木などをまつったケースが多いのですが、ほかに川、泉、滝、立石（海中の岩）、岬、洞窟などさまざまな地形地物があります。

たとえば、大和の広瀬神社（奈良県河合町）では後ろの「大和川の起点になる瀬」を拝みますが、すると川も霊跡といっていいでしょう。和歌山の熊野神社では高さ一三三メートルの「那智《なち》の滝」を拝みますが、これは熊野灘の漁師のヤマになっています。

霊跡は海のなかにもあります。沖縄では、神さまは海のかなたから水平にやってきて、海岸の岩や岬の鼻などに上陸し、そこから山に向かってポンと飛び、また里に降りてきます。そこで海のなかにそそりたつ岩を「立神《たちがん》」とよび、霊跡としています。本州でも伊勢の二見《ふたみ》興玉《おきたま》神社の遥拝所から二見浦の沖合の「夫婦岩《めおといわ》」（図8－5）を通して沖合の興玉石という霊跡を遥拝します。また箱根の芦ノ湖《あしのこ》岸の九頭龍《くずりゅう》神社（図8－6）の沖にも立石

図8－3　伊勢神宮の「神石」（三重県）

図8－4　加努弥神社（三重県）

図8－5　二見浦の「夫婦岩」（三重県）

図8－6　芦ノ湖の九頭龍神社（神奈川県）

があり、昔この地にいた龍、あるいは先住民をまつっています。

日本は黒潮と台風の影響で、南方からよく漂流物が流れつくので、漂流物をご神体としてまつるケースが多くみられます。福井県の越前海岸の気比《けひ》神社は漂着したイルカを、静岡県熱海《あたみ》の来宮《きのみや》神社は流れついた木像を、兵庫県の西宮神社は網にかかった恵比寿《えびす》をそれぞれまつっています。そういうばあい、漂流物が流れついた岸辺などを霊跡とすることがあります。そういうところでは、しばしば神々が浜へ下られる「浜下り」の神事が行われます。

(4) 旧社地

古い森（神社）の居所は、たいてい動いています。現在も動いている神社があります。なぜ神さまが動くかといえば、人間が動くからです。たとえば谷に住んでいた人々が平地を開拓して下りていくと、森、すなわち神社も動いていきます。また人々が自然災害などを避けて安全な場所へ移動すると、森の神さまもいっしょに動きます。沖縄などでは、集落が移動を繰り返すことで、神さまが海岸から内陸へと動いた例がたくさんあります。そのばあい、元の場所は霊跡となります。あるいは旧社地とされます。いつ、どこから、なぜ動いたかを調べることで、森や集落の歴史を知ることができます。

(5) 遺跡

森の外に、一見、森と関係がないとおもわれる塚や古墳、住居跡などが発見されるケースが多くあります。

ところが一般に、考古学では神社との関係まではあまり調べられていません。しかしこれらの遺跡は意外に森とつながりがあるもので、これからは、古い時代のことを総合的に調べる視点と方法が大切です。

(6) 遺物

古い神社では、放りだされた礎石、壊れた石段、傾いた燈籠、崩れた橋などをよく見かけます。それらはかつての社殿や工作物の跡です。また神社の境内や周辺を掘ると、しばしば石器、土器、石棒、人骨、玉、それに古い瓦などが出土します。残念ながら、その多くは放置されたままになっています。総合的な視野から森を観察することが必要でしょう。

(7) お旅所その他

お旅所《たびしょ》は、祭礼のとき、本宮から渡御《とぎょ》した御輿《みこし》などを集落内などに一時留めおく場所、いわば神さまがお休みになる所です。そこに仮の建物が建てられます。沖縄では「神アシャギ」といい、集落のなかにあって、ウタキを遥拝したり、あるいはウタキから神を迎えて神遊びをしたりする場所とされます。お旅所の分布は、昔の森の姿や集落の形成を知るうえで、ひとつの手懸かりを与えてくれるでしょう。

ほかに、神さまの森は、同一系列のものでも山頂や山腹にある「山宮」、山麓にある「里宮」、田園や集落にある「田宮」などがあり、また神さまどうしが血縁、主客、主従等の関係をもって別々の森になっているケースもあるので、注意して調べると、昔の様子がしだいに浮びあがってくるでしょう。

（田中充子）

建築にとって森とは何だろうか

神社の森は、もともと地域の人々が神々に祈りをささげる場であったと思われます。その「祈りの場」で、雨露をしのぐために一時的に建物が建てられたと思われますが、そういう場所は、地域共同体の成員だけしか知らない秘密のもので、祭が終われば建物は取り払われるのを常としていました。いまでも「山の神」などの祭にその名残がみられます。ところが、仏教の到来によって寺院建築に刺激を受け、恒久的な社殿を営むことが一般的となっていったと思われます。神社が地域の守り神から国家の守護神として神階などを授かるようになると、ますますその姿を明示することが必要になっていったのではないでしょうか。

寺院の本堂には仏像がまつられますが、神社では祭神は姿をみせないのが原則であり、仏教のように偶像崇拝ではありません。鏡などのご神体は、たんなる依代《よりしろ》にすぎません。神のいらっしゃるところは、たいてい山と考えられており、森は本来そこを拝む遥拝所としての性格をもっていたと考えられます。京都の上賀茂《かみがも》神社（賀茂別雷《かものわけのいかづち》神社）の神殿の背後には、昔、扉があり、その扉から神山を拝んでいたと思われます。

さて、神社の森は、社殿などの建築にとって何なのでしょうか。その一番大切な意味は、神社の本殿にまつられた神が、世俗、とくにそのケガレから守られ、仮の宿として隠れ住むことができることです。さらに、森が「生命力」をあたえるものとしてみなされていたと思われます。人間がつくったものは、日々朽ちて生命力を失いますが、森は、自然の摂理のもと季節に応じて新たな生命を生みだします。その息吹が社殿におよび、新たな生命力をあたえると考えられていたのではないでしょうか。サカキなどみずみずしい常緑の葉を神前に奉納することに、こうした考えをみることができます。

雨、風、強い日射など、自然がもたらす災厄から建築を守る、という役割も森に期待されますが、森は、一方で「災厄《さいやく》」をもたらします。森に棲むイノシシやオオカミなどの獣や、ヘビ、ムカデ、ダニなどは、神々にとっても、また神をまつる人間にとっても好ましいものではありません。そのために社殿を、高床にしつらえ、まわりに垣をめぐらし、玉砂利などをしきつめ、建築とその領域を守ろうとしてきました。神社の森はそういう二面性をもったものなのです。そのこともふまえて、森のなかの建築は考えられなければならないでしょう。

（金澤成保）

第3章

草や木にふれよう
植物の顔

菅沼孝之 編

1 森を空から眺めよう

第1章の「1森を見つけよう」で、地図を探し、森の区域をプロットしました。歩数で距離を測る歩測によってプロットしたものです。しかし、山のなかの森などは道がなかったり、なかへはいることができなくて、歩測ではつかめないところがたくさんあったことと思います。

では、森のひろがりを知るためには、どうすればよいのでしょうか。地上から見ただけでは全体をつかむことができません。空から森を眺めることができれば、その位置やひろがりがよくわかります。飛行機から見るといいのですが、それはかんたんなことではありません。

そこで航空写真を使います。航空写真は、財団法人地図センター（東京都渋谷区）で手に入れることができます。または、図書館で探しましょう。

航空写真で森の形や大きさ、そしてつながりを見ます。調べている森だけが、離れ孤島のように見える場合や、背後の大きい山に抱かれている場合などがあります。植物や動物について考えるとき、この森のつながりが大切なポイントになります（図1-1）。

動物では、遠くまで飛べる鳥は少しぐらい森どうしが離れていても移動できますが、カエルやトカゲ、ヘビなどは、数キロも離れていると、かんたんに移動することはできません。

植物でも風で種子を飛ばすものや、鳥に種子を運んでもらうものは、少しぐらい森どうしが離れていても、分布をひろげることができますが、土のなかの根で、ひろがっていくものや、種子を遠くに運ぶことができないものは、森が離れていると分布をひろげることができません。

このような森のつながりを知るために、航空写真と地図（地形図）で距離を測ることにします。調べようとしている森を中心に、もっとも近い森、もっとも近い川や池、もっとも近い水田までの距離を測ります。地図には縮尺記号が書いてあるので、定規をあてて何センチが何メートルにあたるかを調べて、距離をはかりましょう。

図1-1の航空写真ではかると、図1-2、表1-1のようになります。

（丹羽英之）

図1－1　航空写真の例（兵庫県中町）

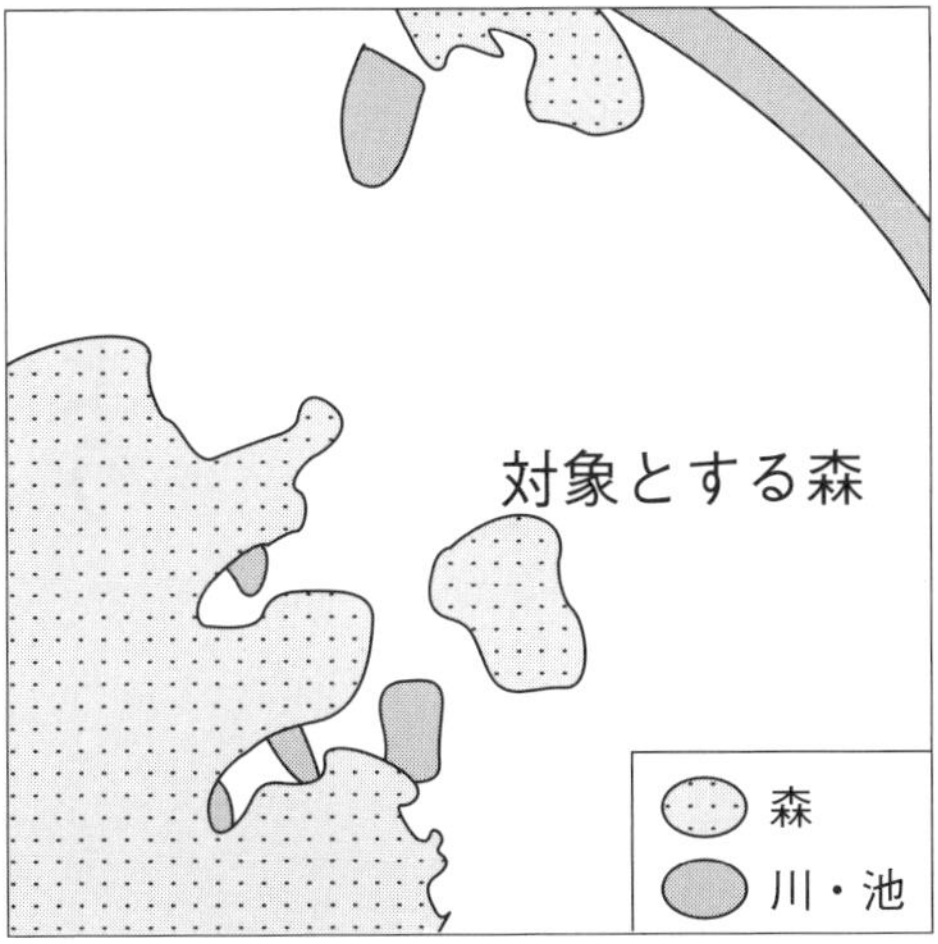

図1－2　航空写真の判読例

表1－1　距離の計測例

最も近い森	100m
最も近い池	70m
最も近い川	560m
最も近い耕作地	0 m

2 地上から眺めよう

つぎは地上から森を見ます。でも、いきなり森のなかに入るのでなく、少し離れて森のようすを見ることにします。

(1) 森の見た目の特徴を調べる

森のようすといっても、何を見るといいのでしょうか。見る人によって感じ方は違うことと思いますが、ここでは、森はどのような形をしているのか。森をつくっている木の高さは何メートルあるか。その森は何色をしているか。などを見ましょう。

植物に注目して見るときには、その森にあるもっとも多い木が何であるかを見ます。たとえば、タケだけで構成されている森は竹林です。ほとんどがタケで、なかに様子が違う木が交じっていても、やはり竹林です。そして、このタケのように、その森でもっとも広い面積を占めている植物を「優占種《ゆうせんしゅ》」とよび、森はこの優占種で区分して、「○○優占種群落」、単に「○○群落」とよびます。また、それが樹木で構成されるとき、「○○林」ともよびます。

竹林の場合は、モウソウチク、マダケ、ハチクなどが優占種であることが多く、それぞれをモウソウチク群落、マダケ群落、ハチク群落、単に、モウソウチク林、マダケ林、ハチク林とよび、これらは外から眺めると、同じような様相（相観）をしていますので、「竹林」で括《くく》ることができます。

相観で区分される森に、「夏緑樹林《かりょくじゅりん》（落葉広葉樹林《らくようこうようじゅりん》）」、「照葉樹林《しょうようじゅりん》（常緑広葉樹林）」、「針葉樹林《しんようじゅりん》」があります。夏緑樹林は夏に葉を繁らせ、冬は落葉する木が優占するコナラ林やブナ林が代表的です。照葉樹林は落葉樹に対して、冬でも葉が落ちない木々が優占する森で、シイ林、シラカシ林、タブ林などが代表的で、西日本に多く見られます。針葉樹林は、その名のとおり針のような葉をもった木が優占する森で、東日本ではモミ林、西日本ではアカマツ林が代表的です。なお、針葉樹にも常緑のものと落葉するものがありますが、落葉針葉樹の自然林の分布は限られます。

一方、人によって植えられた森は「植林」といいますが、代表的なものとして、先に述べた竹林のほか、スギ林、ヒノキ林、スギ・ヒノキ混植林があげられ、人里近くの森や山地で多く見られます。

図2－1　竹林の相観（兵庫県三田市）

(2) 季節の変化を調べる

森は季節によって違う顔をみせます。花を咲かせるころや、落葉樹のように晩秋には葉を落としてしまうなど、季節による変化を調べることも大切なことです。

たとえば、冬に森を見ると葉が落ちている木は落葉樹、葉がついている木は常緑樹と、かんたんに見分けることができます。さらに四季を通じて見ると、夏緑樹林のなかでも春の初めに新緑が銀色に輝くコナラ林や、照葉樹林のなかでも五月から六月初めにかけて黄色の花をつけるシイ林などは、遠目にもそれと区分ができます。また、四月終りから五月初めにかけて紫色の花をつけるフジは、色や香りでめだちます。そうして、フジが生えている場所を知ることは、後で述べるマント群落や森の荒廃状況を知るための一つの手立てになります。

このように、四季を通じて森を観察すると、ほかの季節ではよくわからない森の様子が見えてきます。月ごとに森の様子を、スケッチや写真などを撮って記録して見るとおもしろいでしょう。

森のなかを専門的に調べるときには、最初に必ずやっておかなければならないことです。

(丹羽英之)

3 森の構造を調べよう

(1) 森には階層構造がある

森のなかに入ってみましょう。立派な森はたいていうす暗く、いろいろな高さの樹木が生えています。

よく見るとこれらの樹木は、層をつくってそれぞれの高さごとに住み分けており、一つの社会を作っています。このような構造を階層構造とよんでいます。

一般的な森林の階層構造は、

ア　最も高い樹木の層が一〇メートル以上の階層を高木層、

イ　四メートルから一〇メートルに葉を繁らせている層を亜高木層、

ウ　〇・五から四メートルの間に葉を繁らせている層を低木層、

エ　〇・五メートル以下の層を草本層、

オ　コケ類など、地表上面数センチに生育している層をコケ層

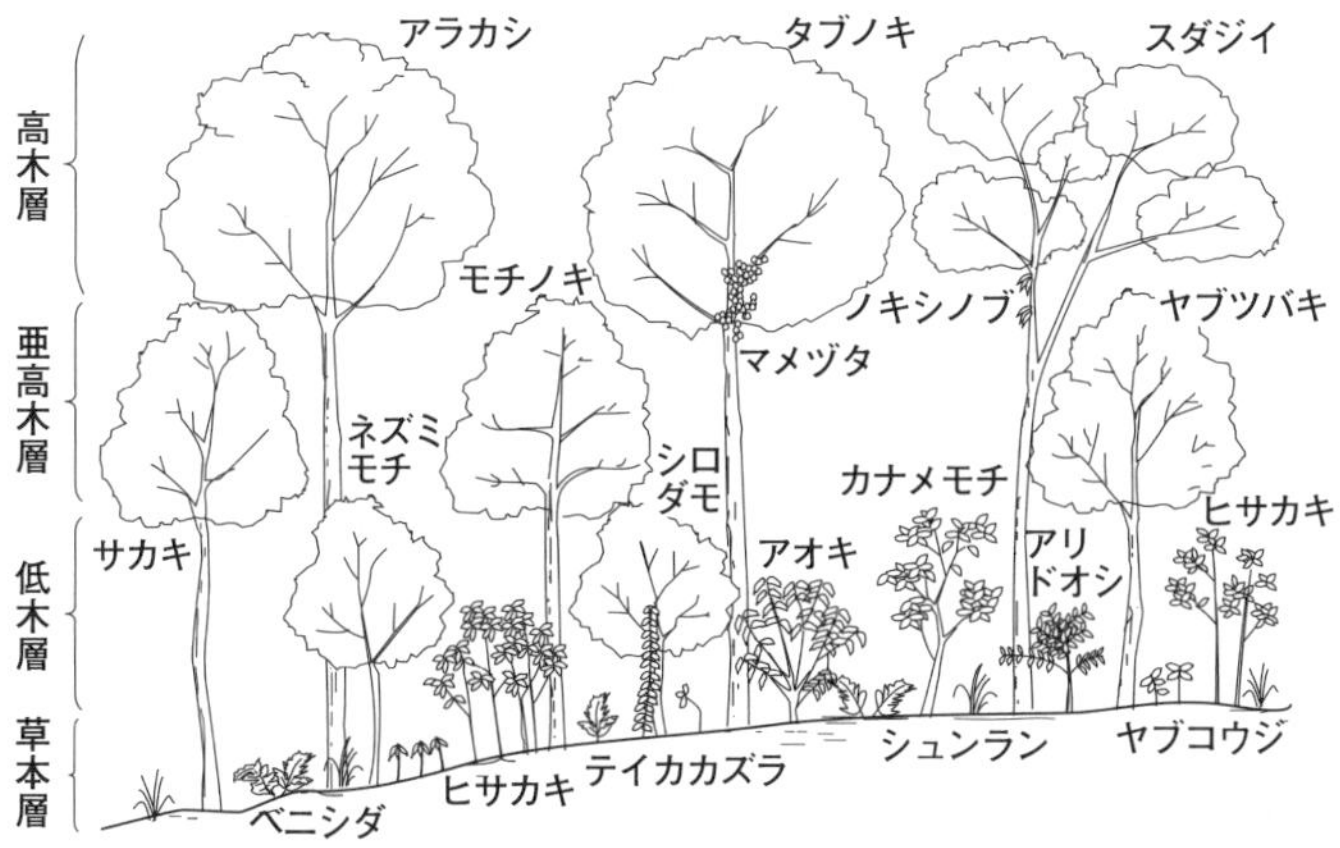

図3−1　近畿地方の典型的な社叢の階層構造

とよんでいます。

森の実状に合わせて、高木層が二〇メートル以上であるような森では、超高木層を分けることがあり、また、低木層は、森のつくりによって第一低木層と第二低木層に分けます。

具体的に、近畿地方の典型的な社叢の階層構造をみますと、コジイやアラカシ、タブノキによって構成される最上層が高木層、サカキ、カナメモチ、シロダモなどによって構成される亜高木層、アオキやアリドオシなどで構成される低木層、ベニシダやマンリョウ、ジャノヒゲなどで構成される最下層が草本層で、これを基本に考えてください（図3―1、2）。

また、よく生育したスギやヒノキの植林（人工林）では、高木層と草本層のみといった、「亜高木層」「低木層」が欠けた構造になっています（図3―3）。

(2) 階層ごとの高さと植被率を調べよう

階層ごとに、それぞれに出現している種が、調査面積あたりにどれくらいに葉を広げて生育しているかを百分率で示したものを植被率《しょくひ》とよんでいます。

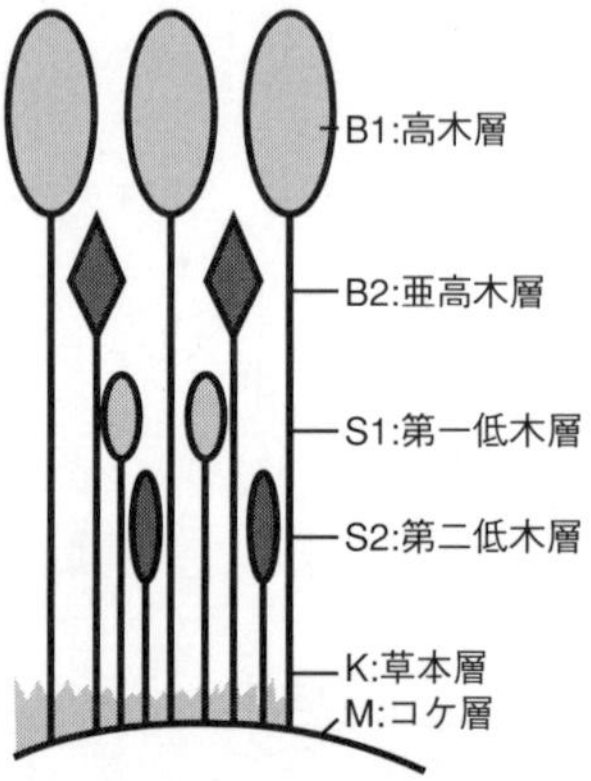

図3－2　自然状態での森の階層構造

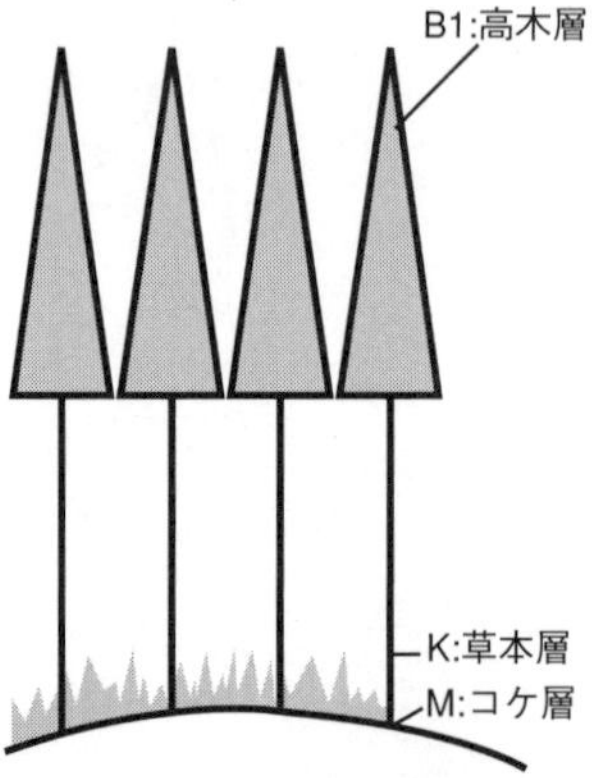

図3－3　人工林の階層構造

また、各階層で最も背が高い木の高さを測定しましょう。これによって大まかな森の発達ぐあいを知ることができます。

たとえば、植林のように、人間が人工的に植樹したものの場合では、植えてからの年数がわかるので、木の生長量を測定することも可能になります。

このように森のなかの階層の数、階層の高さ、そして緑がおおう量（植被率）を調べましょう。

(3) 各階層の優占種を調べ、樹木の大きさを測ろう

対象となった森林の各階層のなかで、枝葉の広がりが大きい植物を優占種といいます。優占種はその森を特徴づけ、そこに生育するほかの植物にも大きく影響します。優占する順位が三番目ぐらいまでの種類を調べましょう。優占種を明らかにすることで、森の様相をよりわかりやすく説明できます。

樹木の大きさは樹高のほかに、大人の胸の高さにあたる地表から一・三メートルでの直径（胸高直径）または幹の周囲（胸高幹周）を測定します。幹の直径（幹周をふくむ）を測るときは、斜面では山側から測ります。

各階層の優占種だけではなく、社叢に生育している巨樹（幹周三メートル以上）については、樹種、樹高、胸高幹周を測りましょう。

(4) 森のなかにツル植物は何種類あるか調べよう

森のなかはうす暗いため、林床《りんしょう》に生育する植物は、日光を得る機会が少なくなっています。森の草たちにと

って、わずかな光を得ることは生存競争のなかで欠かせない条件です。

そのような環境に適応した植物に、ツル植物があります。ツル植物は日光を得るために、他の植物を支えにして、背を伸ばしていきます（図3－4）。なかには支えになった植物を絞め殺したり、被《おお》って枯らしてしまうものがあります。

ツル植物は茎が太くなり、樹木のようになる木本性ツル植物と、茎が太くならない草本性ツル植物に分けることができます。木本性ツル植物には、茎が巻きつくタイプのフジやアケビ、吸盤状になった巻きひげを持つナツヅタなどがあります。この種類のツル植物はふつう、比較的大きな樹木を支えにするので、高木層の高さに達します。草本性ツル植物には、茎が巻きつくタイプのヘクソカズラやヤマノイモ、巻きひげでからみついたり、トゲでひっかけるサルトリイバラなどがあります。

これらのツル植物が増えすぎると、下層に生育するほかの植物の光合成を邪魔して枯らしてしまい、森が荒れていきます（図3－5）。森をまもるためにはツル植物を除くといった管理も必要になってくるばあいがあります。しかし、ツル植物は森のマント・ソデ群落の主要な構成植物でもあります。森の保全のためにはツル植物がどこに生えているかが重要なカギになります。

（押田佳子・上甫木昭春）

図3－4　林縁に生育するフジ

図3－5　クズにおおわれたソデ群落をつくるネザサ

4 木々を調べよう

(1) 森を構成する木々の照葉樹、落葉樹、針葉樹の割合はどれくらいか

森林には多くの樹木があり、大きく照葉樹、落葉樹、針葉樹の三つに分けることは前にのべました。日本の自然林や二次林のほとんどは、これらの照葉樹、落葉樹、針葉樹が混在しています。このなかで、それぞれの高木層における被度《ひど》に応じて、森林のタイプが変わります。すなわち照葉樹の優占度が最も高いものは照葉樹林、落葉樹の優占度が高いものは落葉樹林、針葉樹の優占度が高いものは針葉樹林と分けることができます。

高木層における照葉樹、落葉樹、針葉樹の構成割合を調べ、どの森林タイプになるかをみましょう。

(2) 森のなかに植栽されたスギ・ヒノキがどの程度あるか

天然のスギやヒノキは、木材に適していたため、古くからよく利用してきました。現在、日本の森林面積の五分の二にあたる、約一千万ヘクタールがスギやヒノキなどを植栽した、人工林です。人工林は元々は材木に利用するためや、はげ山の地滑りを止めるために植樹されたものです。

こういった背景から、現在国内でみられる、スギ・ヒノキのほとんどは人工的に植樹されたものになってい

ます。一部に見られる自然のスギ林などをのぞけば、森のなかで、スギ・ヒノキの割合を確認することは、同時にその森に人手が入った割合を確認することになります。

では、スギやヒノキが自然のものか、植林なのかはどうやって見分ければいいのでしょうか。これは簡単で、植林地では木が大きくなっても枝ができるだけ重ならないように、等間隔に木を植えています。等間隔にスギやヒノキが立ち並んでいる森が人工林にあたるわけです。

森の自然性の高さを確認するために、森の面積あたりのスギ・ヒノキの被覆《ひふく》割合（植被率《しょくひ》）を確認してみましょう。

(3) 森のなかにスギ・ヒノキ以外で植栽された木があるか

森のなかにある樹木で、人為的に植えられたものはスギ・ヒノキ以外にもたくさんあります。たとえば、神社では神様にささげるためのサカキ、オガタマノキ、寺院では仏花であるカラタネオガタマやシキミなどをよく植えています。このほか、森には観賞用にツバキ、サザンカ、クチナシ、サルスベリ、アジサイ、ナンテンなど個人の趣味が反映され植えられています。また、実用性からカキやキリ、クリなども植えられました。

このように、近年まで森は人の生活にふかくかかわってきました。自然性だけではなく、昔の人の生活や産業のなごり、社寺などの宗教の影響をみるためにも、森のなかの樹木をさらに細かく観察してみましょう。

(4) 森のなかにタケが侵入しているだろうか

竹林も人工林の一種で、観賞用に植えられることも多いですが、本来はタケノコや竹材を利用するために植栽されたのが始まりでした。

わが国でふつうに見られるタケ類には、モウソウチク、ハチク、マダケの三種があります。なかでもモウソウチクはその生長の早さと根茎の広がりの早さから、既存の森林への影響が心配されています。

タケは地下茎を広げて生育地を拡大するので、元々はその森にタケが無くても、簡単に外から入り込むことができるのです。豊かであった森にタケが入り込むことによって、背の低い樹木や草が枯れてしまい、暗く、植物が少ない森になってしまいます（図4－1）。また、タケの葉は落葉しても分解されにくいので、土がやせてしまうのです。

森のなかにタケが侵入しているか、どこからやってきたのか、またどう広がっているのかを調べましょう。（押田佳子・上甫木昭春）

図4－1　森の中へ侵入したタケが空間を占領している

5 林床を調べよう

(1) 高木層・亜高木層の樹木の子供はそろっているか

樹木も生きものなので、寿命や世代交代がありますが、じっさいには、山火事や火山活動、台風や伐採などによって枯死するばあいが多いのです。樹木たちは、そういった時にも確実に自分の子孫を残せるように、花をつけ、ドングリ（図5−1）やマツボックリのような、実や種子を残しているのです。

地面におちた種子はしばらく土のなかで過ごした後、発芽します。これを実から生まれたものという意味で、実生《みしょう》とよびます。

林床《りんしょう》には一見たくさんの草本植物が生育しているようにみえますが、地面をよくみると一〇センチにも満たないような樹木の実生が生えています（図5−2）。ときには、発芽するときに脱ぎ捨てたドングリの殻をみつけることもあります。

高木層や亜高木層の樹木は低いところにはないと思いがちですが、地面のような意外に身近なところにも生えているので、探してみましょう。

図5−1　アラカシのドングリ

図5−2　アラカシの実生

(2) シダ植物は何種あるか

林床には樹木の子供や草本植物のほかに、シダ植物も生えています。

シダ植物が他の植物と大きく違うのは、その生活史にあります。私たちがふだん目にする樹木や草本は、果実や種子で子供を増やしますが、シダ植物は胞子《ほうし》で増えます。胞子生殖には水が必要なので、多くのシダ植物は暗い、湿ったところを好みます。

具体的にはシイやカシが優占する照葉樹林では、ベニシダやカナワラビ類、シシガシラが生育しています。クヌギやコナラが優占する落葉樹林では、ベニシダやトウゲシバなどが生育します。また、土壌が乾きやすいアカマツ林では、ワラビや、コシダ、ウラジロなどの陽地を好むシダ植物が生育します。湿りけのある谷あいに作られた植林では、林床のシダの種類が多く、イノデ類、イヌワラビ類をはじめさまざまなシダ植物が生育しています。

シダ植物は土地が乾いているか、湿っているかを示すものさしになるので、森のなかに生えているシダ植物の種類や量から、森の環境を調べてみましょう。

(3) ササ類は生えているか

ササ類は稈《かん》が密生し、背が高くなる植物で、種類が多く、関東の丘陵地でよく見かけるアズマネザサ、関西の丘陵地にもっともふつうにみかけるケネザサなどは、その丈が二・五メートルに達することもあります。また、ササ類はタケのように地下茎をめぐらし、密生するため、ほかの植物がほとんど入れなくなります。ササが多く生えるということは、ほかの草本が生きていく環境をそこなうことにつながります。

このように、林床のササの有無や、おおっている面積を調べることで、林床の豊かさを知ることができます。また、ササ類は森のソデ群落を構成する主要な植物でもあります。

(4) 腐生植物を調べよう

林床には腐生《ふせい》植物も生育しています。腐生植物は、葉緑体をもたず、森林の腐植土を分解し、それを栄養源として生活する植物です。

森の土は樹木の葉や生きものの死骸などが腐った、腐植土によってつくられています。しかし、放っておけば土になるというわけではなく、ミミズなどの小動物や、キノコなどの菌類の寄生、タシロラン（図5－3）やギンリョウソウといった腐生植物が落ち葉を分解して、土に返すのです。

腐生植物は、土壌の豊かさを示すものさしにもなるので、地面を注意深く探してみましょう。

図5－3　照葉樹林の林床に生育する腐生植物タシロラン

(5) 落ち葉はどのくらい積もっているか、また土の深さはどのくらいか

森林には多くの樹木がありますが、これらについている葉や小枝は、すべていつかは地面に落ちます。地面

に落ちた葉は分解されて、やがては土になるのです。また、落ち葉は毎年積もるので、土の量は年々増える計算になります。

積もった落ち葉は分解される程度により、異なる層を作ります。これを観察するために、森の斜面を三〇センチから五〇センチほど掘って、垂直な面を作ってみましょう（図5−4）。

一番上の落ち葉がそのままの形で残っている層はＡ０《エイゼロ》層といいます。この層には、雨で土が流れるのを防ぐ役割があります。

その次にある、黒っぽい土でできた層をA層といいます。ここは植物が腐ってできた成分と土が混ざり合っていて、軟らかくなっています。たくさんの生物が活動している栄養分が多い層です。

さらに下にある、褐色の層をB層といいます。土の塊がたくさんまじっています。ここには、植物の腐植は少なく、完全な土に変わっています。また、この層より下になると、石や岩、粘土が混じるようになります。

このような層が形成されるのには、非常に時間がかかり、自然林ではA層が一〇センチ出来上がるのに、約二百から一千年という年月が必要です。また、森の種類によって、層の厚さや、形成される時間も異なります。

（押田佳子・上甫木昭春）

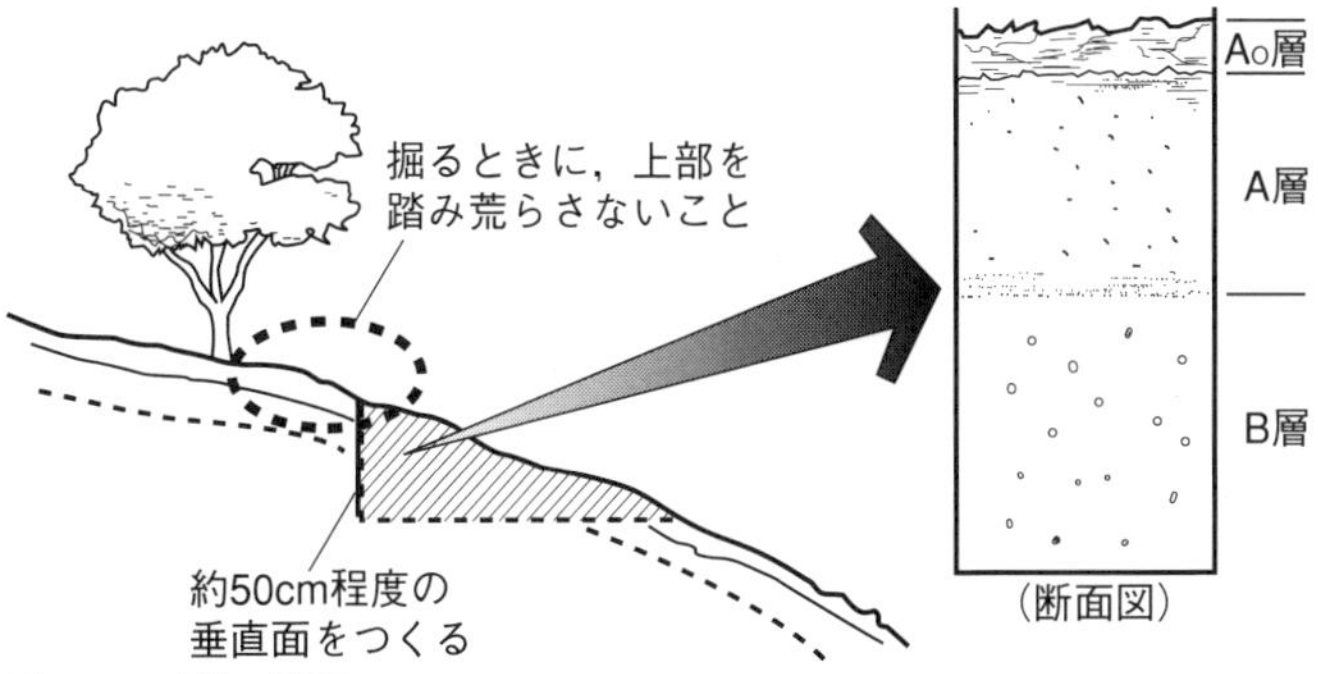

図5−4　土壌の観察

6 マント・ソデ群落を観察しよう

森の縁（林縁）にはその森に覆いかぶさるように発達した植物群落が見られます。このような群落は、林縁にマントをかけたように見えるのでマント群落（図6－1）とよばれています。そのマント群落の根元（マントのそで）にあたる部分にはソデ群落とよばれる群落が広がっています。

マント群落はスイカズラ、センニンソウ、ヤブガラシ、アケビ、クズ、カラスウリなどのツル植物やムラサキシキブ、キブシ、ウツギ、タラノキ、ヌルデなどの低木類から構成されています。また、ソデ群落はススキ、モミジイチゴ、ヒナタイノコズチ、ウド、スギナ、ツユクサ、アカネ、イタドリ、ヤエムグ

図6－1　マント群落・ソデ群落

ラなどの植物より構成されています。

マント・ソデ群落は林縁に密生していて、森のなかに強い光や風が入ってくるのを防いでいます。しかし、ツル植物があまり発達しすぎると、光を遮《さえぎ》ったり、樹木をしめつけたりして森に被害をあたえます。とくに、クズの繁茂は問題です。

マント・ソデ群落は森の安定に大きな影響力を持っているので、その構成種や発達状況を調べると、森の健全性がわかります。

つぎのような項目を調べてみましょう。

(1) マント・ソデ群落の発達状況調査（三段階で評価）

a 未発達で森のなかが外から見える
b よく発達し、森に被害を与えていない
c いちじるしく繁茂し、林冠《りんかん》にも広がり、森に被害を与え、また林内にも入りこみ、荒廃が目立つ

(2) マント・ソデ群落の構成種の調査

- ツル植物の種類（クズ、フジ、アレチウリ、ヤブガラシなどに注意してください）
- 落葉低木の種類
- その他の種類

(3) マント・ソデ群落が欠けている林縁調査(1)のaの状態)

- 欠けている位置
- 欠けている面積
- 欠けた林縁の状況(林内にどのような影響がでているか)

(4) マント・ソデ群落が発達しすぎている場所の調査(1)のcの状態)

- 位置
- 面積
- 問題となっている種類

(5) マント・ソデ群落が発達しているその森の調査

- 森の種類
- 森の高さ

(服部 保)

7 森の植物相を調べよう

森のなかにはいろいろな植物が生育しています。どのような植物が生育しているのかを調べてみましょう。植物の名前を調べるためには図鑑が必要です。たくさんの図鑑が市販されています（109ページ参照）ので、使いやすい図鑑を選んでください。

植物の名前だけでなく、生活形や稀少性《きしょうせい》および生育場所の環境条件も調べておくと、森の自然性や健全性がわかります（表7−1）。

(1) 生活形

一年生草本、常緑多年生草本、夏緑多年生草本、寄生植物、腐生植物、着生植物、夏緑ツル植物・照葉ツル植物、照葉低木、照葉小高木、照葉高木、夏緑低木、夏緑小高木、夏緑高木、針葉低木、針葉小高木、針葉高木（表7−2）などに区分します。

寄生植物、腐生植物、着生植物が多い森は自然性が高い森です。常緑多年生草本の多さも自然性の高さを示しています。逆に一年生植物が多い森はかなり荒れています。照葉樹と夏緑樹の比率は自然性や冬の寒さ（冬の気温）などの環境条件を反映しています。

表7−1　植物相調査の一例

種名	生活形	稀少性	その他
アリドオシ	照葉低木		
ヒイラギナンテン	照葉低木		逸出植物（外国産）
センリョウ	照葉低木		逸出植物（国産）
エビネ	多年生草本	絶滅危惧Ⅱ類	
……	……	……	……

生活形ではありませんが、ラン科やシダ植物も区分してください。ラン科の多さは自然性を、シダ植物の豊かさは自然性や適湿な立地条件を示しています。

(2) 稀少性

環境省や各自治体で出版している「レッドデータブック」をもとに絶滅危惧《ぜつめつきぐ》IA類、絶滅危惧IB類、絶滅危惧II類、準絶滅危惧などを調べます(表7-3)。その地域の特性を見るためには地方版の「レッドデータブック」を参照した方がよいでしょう。

稀少種が多い森は自然性が高い森です。とくに絶滅危惧IA類の植物が発見された場合は、その植物をどのように保全するかを考えましょう。

表7-2 主な植物の生活形

生活形	種名
一年生草本	ツユクサ、メナモミ、イヌタデ、センブリ、ヒメジョオン
常緑多年生草本	ミヤコアオイ、シュンラン、カンラン、エビネ、ジャノヒゲ
夏緑多年生草本	ススキ、イノコズチ、ヒメワラビ、ゼンマイ、ミョウガ
寄生植物	ヤッコソウ、ツチトリモチ、ヤドリギ、ヒノキバヤドリギ、キヨスミウツボ
腐生植物	ギンリョウソウ、マヤラン、ホンゴウソウ、ヤツシロラン、タシロラン
着生植物	ノキシノブ、マメヅタ、フウラン、カヤラン、クモラン
夏緑ツル植物	クズ、ヘクソカズラ、ナツヅタ、マタタビ、サルナシ
照葉ツル植物	サネカズラ、キヅタ、ムベ、テイカカズラ、イタビカズラ
照葉低木	アリドオシ、イズセンリョウ、センリョウ、ヒサカキ、マサキ
照葉小高木	ソヨゴ、ヒイラギ、フカノキ、モッコク、ヤブツバキ
照葉高木	アラカシ、スダジイ、ホルトノキ、タブノキ、ヤブニッケイ
夏緑低木	ムラサキシキブ、ガマズミ、メギ、スノキ、キブシ
夏緑小高木	リョウブ、ナツツバキ、エゴノキ、オオバヤシャブシ、タムシバ
夏緑高木	ブナ、コナラ、アカシデ、トチノキ、イイギリ
針葉低木	ハイイヌガヤ、チャボガヤ
針葉小高木	イヌガヤ
針葉高木	モミ、ツガ、アカマツ、スギ、カヤ

表7-3 環境省による絶滅危惧植物の例

ランク	種名
絶滅	
絶滅危惧IA類	アキザキナギラン、オオカナメモチ、オオキリシマエビネ、キリシマエビネ、ムカゴサイシン
絶滅危惧IB類	アケボノアオイ、イモネヤガラ、オサラン、シシンラン、スギラン
絶滅危惧II類	アラゲサンショウソウ、オナガエビネ、エビネ、クマガイソウ、タチバナ
準絶滅危惧	ウスギムヨウラン、コシノカンアオイ、トクサラン、ボウラン、タシロラン

(3) 帰化植物、逸出植物

庭園や公園などに植栽された木の種子がひろく散布され、発芽し、生育していると考えられる植物を記録します。このような植物を逸出《いっしゅつ》植物といい、そのうち外国産の植物として、セイヨウウイボタ、ヒイラギナンテン、ハナミズキ、ゲッケイジュ、トウネズミモチ、タチバナモドキ、ナンキンハゼ、アオギリなどがあげられます。国産の植物としてはセンリョウ、マンリョウ、カラタチバナ、ナンテン、アオキ、ヒイラギ、ユズリハ、クロガネモチ、ヤブコウジ、ヤブラン、オモト、ジャノヒゲ、カクレミノ、マユミ、ニシキギ、コブシ、コムラサキなどがあげられます。マンリョウ、アオキ、ナンテン、ヤブコウジなどは自生か逸出か判断に迷うところですが、周辺の状況を見て推定してください。たとえば、斑入り葉をもつアオキがあれば、植栽したものか逸出したものと判断できます。実生や若い個体しか生育していない種の場合も逸出とします。

帰化植物の比率（帰化率は、帰化植物の種数÷全出現種数×一〇〇）や逸出植物率を算出して、社叢周辺の環境と対応させてください。

帰化植物や逸出植物の多さは周辺に公園や独立住宅が多いことを示しています。ただし、逸出植物の多さはあまり望ましいことではありません。

(4) 植栽植物

森のなかに植栽されている種があれば、記録してください。森以外の神社有地に植えてある植物もあわせて記録してください。

(5) 植物種数

森のなかに生育している植物種の総数を数えてください。表7−2に示したように生活形別の種数は、森の自然性や健全性を反映しています（表7−4）。各々の森の種数を比較すると、各々の森の相対的な自然度のランクづけができます。

(6) 森の面積

森の面積の計り方は、小面積の森であれば巻尺で長さを測って面積を計算してください。大面積の森は市販している1／1000から1／2500の地形図を用意し、航空写真や実際に調査した結果をもとに森の広がりを図示してください。その広がりをグラフ用紙に写し、そのグラフ用紙のます目を数えて、面積を計算してください。森の面積はその社叢に生育している照葉樹林構成種の種数と相関がある

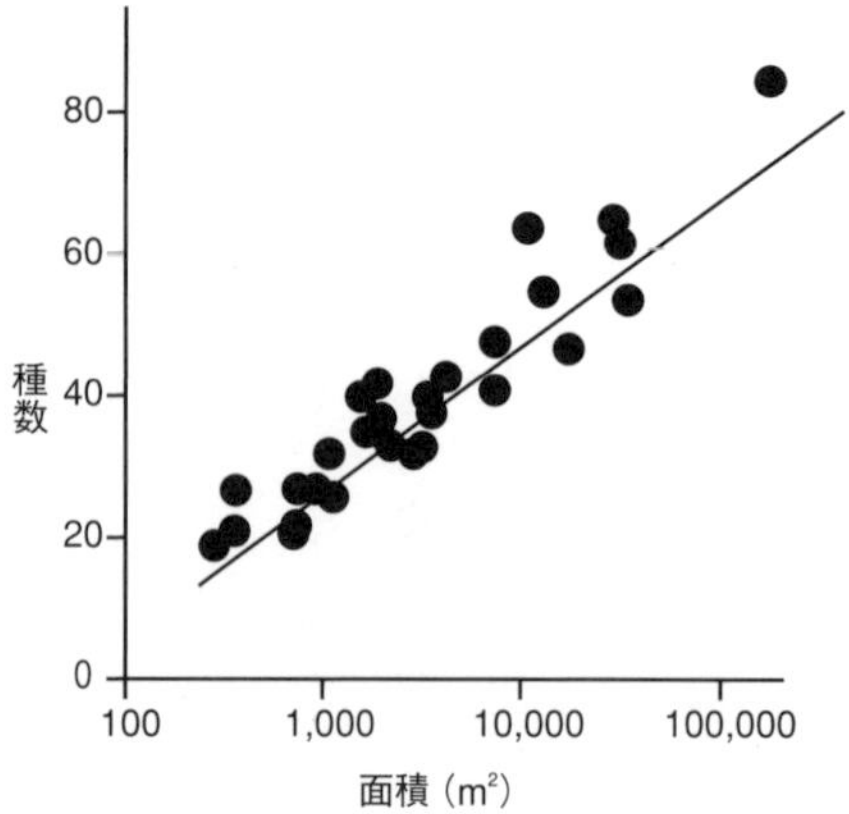

図7−1　兵庫県の社寺林における照葉樹林構成種数と面積の関係

表7−4　植物相調査結果のまとめ

	森の面積	年平均気温	最寒月の月平均気温	総種数	照葉樹林構成種数	腐生植物種数	着生植物種数	……
○○神社 ××神社 ⋮	164000 ⋮	15.5°C ⋮	4.0°C ⋮	200 ⋮	84 ⋮	3 ⋮	5 ⋮	⋮

ことがわかっています（図7-1）。いくつかの森の種数と面積を調べて、両者の関係を明らかにしてみましょう。

(7) 図鑑について

価格は高いのですが、『日本の野生植物』（全六巻）（平凡社）には、ほぼ全ての国産の植物が記載されているので便利です。『日本の植生図鑑〈I〉森林編』（保育社）は植物だけではなく、植生調査の方法や照葉樹林（神社林）の内容についてもまとめてあり、手頃な図鑑です。初心者には『落葉図鑑』（文一総合出版）、『葉でわかる樹林』（信濃毎日新聞社）などがわかりやすいと思います。

（服部　保）

8 植生を調べよう

3節で森の階層構造（91〜94ページ）を調べました。4、5、7節（95〜101、105〜109ページ）では森のなかに生育している植物の種類の名前を調べました。この8節ではもう一歩進んで森を植物社会学的な調査方法に基づいて調べてみましょう。

なお、植生調査に先立って、調査用紙（植生調査票）、調査板、高度計、双眼鏡、クリノメーター、巻尺、豆《まめ》荷札《にふだ》、剪定《せんてい》バサミなどの調査用具一式を揃《そろ》えてください。剪定バサミは標本採取の他に、林内を移動する時に障害となるイバラ類を除去する時にたいへん便利です。腰にハサミのケースをつるして使ってください。また、防虫・ヒル対策として蚊《か》取り線香《せんこう》、虫除けスプレー、雨天に備えて雨具、長靴などを必ず準備してください。とくに、社叢は蚊が多いので、蚊取り線香は絶対に必要です。腰につける安全蚊取り器は便利で、防虫効果も十分です。

植生調査の手順は左記の通りです。

(1) 森の全体像の把握

1節から7節までの調査で森の全体像が理解できたと思いますが、植生調査を行う前に森全体を見渡して、よく発達している林分《りんぶん》、未発達の林分、人の手が加わっている林分などを頭のなかで整理してください。地形図の上にそれらの分布状況の概略をまとめるとわかりやすいでしょう。

(2) 植生調査地点の選定

(1)の結果をもとに植生調査を行う地点を決めてください。調査地点を選ぶ基準は、調査の目的によって異なります。全体として言えることは調査の目的に合った均質な林分を選ぶことです。照葉樹林と竹林の境界付近などを選んではいけません。自然性の高い照葉樹林の実態を知りたいのであれば、階層構造が発達した大きな木が多い林分を選んでください。

(3) 植生調査枠の設置

普通の植生調査では時間がかかりすぎるので実測して調査枠《わく》を設置することはあまりありませんが、この調査では実測した上で枠を設置した方が望ましいでしょう。枠を設置する目的は二つあります。一つは調査を継続的に行い、植生の変化を把握するためです。もう一つは単位面積あたりの種数を他地点と比較するためです。種数を比較するためには調査面積を一定にした調査枠の設置が必要となります。

調査枠の面積は、小規模な社叢が多いことや、地形条件等と対応させるために一〇〇平方メートル（ふつう一辺一〇メートルの正方形）が適当だと思います。調査枠にナイロン製のロープを張っておくと、次回の調査の時にわかりやすいでしょう。少なくとも調査枠の四隅には杭を打っておくことを忘れないでください。

(4) 群落調査

○階層構造

植生調査用に作成した植生調査票（図8－1・242ページ）をあらかじめ用意してください。雨の時に書き込

（NO.　　　　）　植　生　調　査　票　（調査者：服部　保　）

調査地　長崎県・壱岐郡・石田町筒城 白沙神社　図幅 1/5万　勝本

（地質）　（風当）強・㊥・弱　（日当）陽・中・陰　（海抜）20 m

（地形）斜面下　（土湿）乾・㊜・湿・過湿・湿地・池・川　（方位）N40°E

（土性）岩・礫・砂・シルト・粘　（緯度）　（経度）　（傾斜）15°

（面積）20×20 m²

群落名地　スダジイ－イヌマキ群落　1998年11月8日

B_1 15 m 80　B_2 10 m 30 %　S_1 6 m 30 %　S_2 2.5 m 25 %　K 0.7 m 30 %　M　%

B_1 4.4	スダジイ	S_2 2.2	ヤブツバキ	K 2.2	ホソバカナワラビ
2.2	イヌマキ	+	スダジイ	1.2	テイカカズラ
1.2	クスノキ	+	シロダモ	+	ヤブツバキ
1.2	サカキカズラ	+	シュロ	1.2	フウトウカズラ
1.2	マテバシイ	1.2	センリョウ	+	ノシラン
1.1	ハゼ	+	キジョラン	+	タブノキ
+	カガツガユ	+	シタキソウ	+	ヤブラン
		+	クスノキ	+	オモト
		+	ネズミモチ	+	オニヤブソテツ
		+	アオツヅラフジ	+	サカキカズラ
B_2 1.1	カクレミノ	+	マサキ	1.2	アリドオシ
2.2	サカキカズラ	+	イヌガシ	+	イヌマキ
2.2	カガツガユ	+	イスノキ	+	ナガバジャノヒゲ
1.2	イヌマキ	1.2	サカキカズラ	+	ツルグミ
1.2	タブノキ	+	ホルトノキ	+	サネカズラ
1.2	ヤブニッケイ	+	フウトウカズラ	+	ツワブキ
+	トベラ	+	マテバシイ	+	ハクサンボク
+	ノキシノブ	+	コショウノキ	+	マメヅタ
		+	イヌビワ	+	ヤツデ
		+	ツルグミ		
		+	ヤツデ		
		1.2	クロキ		
		+	モチノキ		
		+	サネカズラ		
		+	ヒサカキ		
S_1 2.2	ヤブツバキ	+	ネズミモチ		
+	オオイタビ	+	ホウライカズラ		
1.2	ハマビワ				
1.2	ヤブニッケイ				
1.2	サカキカズラ				
1.2	カガツガユ				
2.2	タブノキ				
2.2	イヌマキ				
1.2	イヌビワ				
1.2	マテバシイ				
+	トベラ				
1.1	ハクサンボク				

図8－1　植生調査票

める雨天用紙で作られた調査票は便利です。３節で調べたように調査枠内の林分の階層構造を記録します。よく発達した照葉樹林の階層は高木層、亜高木層、低木層（第一低木層、第二低木層を識別できる場合がある）、草本層の四（五）層に分かれています。各階層の高さを測定し、各々の階層の葉の茂っている状態（植《しょく》被《ひ》率）を調査面積に対する百分率で判定し、記録します。

○出現種のリスト作成

各階層ごとにそこに出現するすべての植物のリストを作成します。ツル植物はそれらの先端が達している階層に記録します。高木、亜高木や着生植物などは肉眼では種名が判別できないので、双眼鏡を利用してください。二・五メートル程度の近距離からでも使用できる便利な双眼鏡が市販されています。その場で種名がわからない植物があれば、その植物の一部を剪定《せんてい》バサミで採取し、ビニール袋に入れて持ち帰って同定《どうてい》（種類の区別）します。不明の植物には豆荷札《まめにふだ》（六センチメートル×三センチメートル、針金つき）をつけて、それに調査区番号や仮の名前を記入しておくと間違いがありません。仮の名前は調査票にも記録しておきます。雨天用紙の豆荷札は水に強く、雨天でも破れたり、字が書けなかったりすることがなく大変便利です。

○出現種の被度・群度の測定

各階層ごとの出現種リストができあがれば、次は各々の出現種の被度《ひど》と群度《ぐんど》を調べます。被度とは植物の葉によって被われている程度を示すものです。ある植物の被度はまず面積で表すことができます。その面積を調査面積に対する百分率に置きかえたものが被度パーセントです。

現地での調査には、おのおのの植物の被度パーセントを六階級に分けて記録します。これを被度階級とよびます。被度階級値と被度パーセントの関係はつぎの通りです。

被度階級値	被度パーセント
5	75%～100%
4	50%～75%
3	25%～50%
2	10%～25%
1	1%～10%
+	1%以下

群度は調査区内外で各々の植物種がどのような分散状態で生育しているかを示す尺度です。つぎのような基準

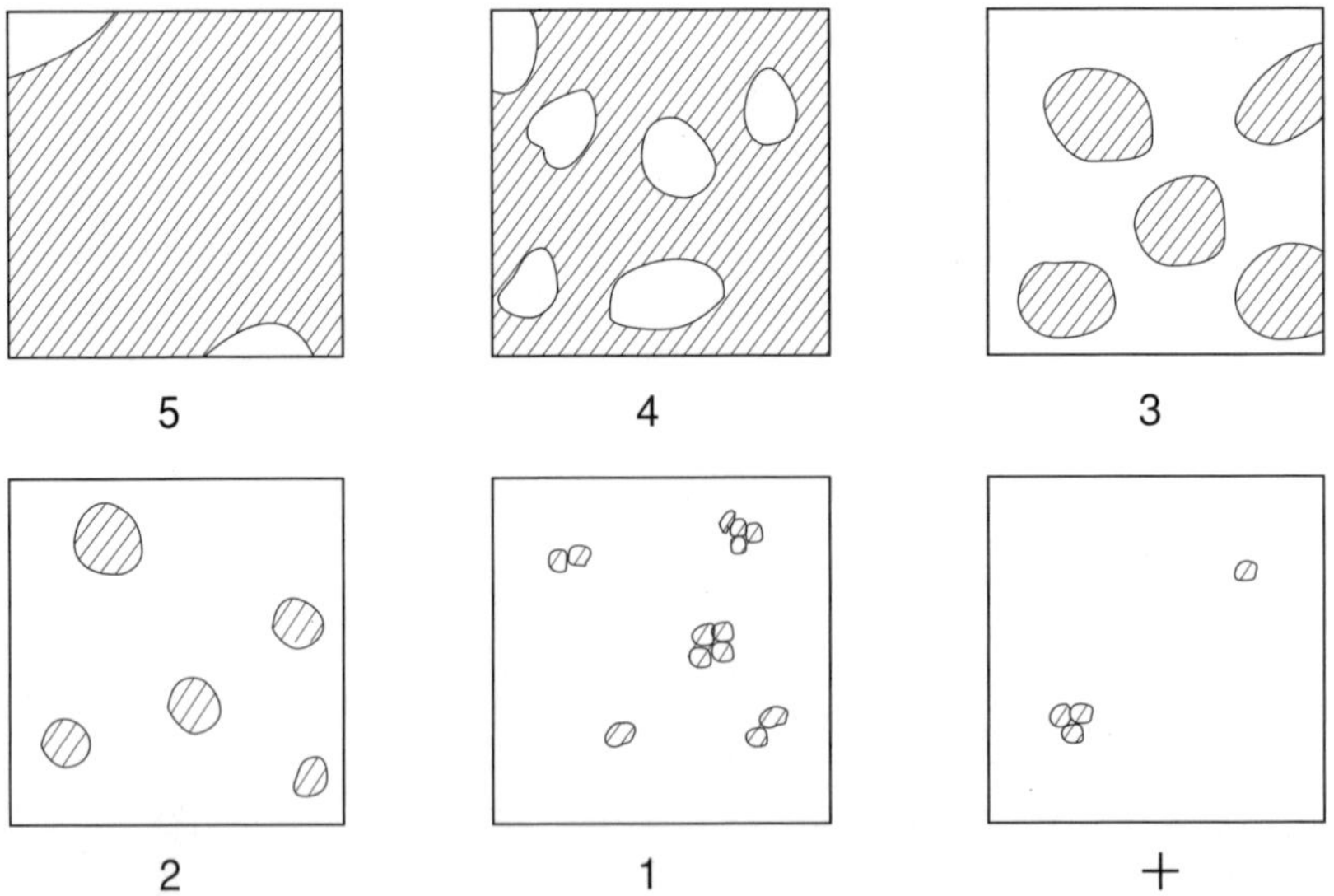

図8－2　被度階級値模式図（斜線部は植物）

によって判定します。

群度5	調査区内（高木等については、調査区周辺も含めて）に全面的に生育し、その葉群は連続している
群度4	二、三カ所欠けて斑紋《はんもん》状の穴があいたような状態
群度3	数カ所に斑紋状に群がって生育している状態
群度2	二、三カ所に小さな群をなして生育している状態
群度1	単独で生育している状態

以上のような基準をもとに各々の植物の被度・群度を記入してみましょう。被度階級値については、まずその植物の葉群が占めている面積を推定し、次にそれを被度パーセントに直した上で、階級値に置き直すとわかりやすいでしょう。調査区の面積が一〇〇平方メートルであれば、面積の数値がそのまま被度パーセント値となるので、この点でも調査区の面積が一〇〇平方メートルであると便利です。

高木層、亜高木層、第一低木層では出現樹木の本数を調べておくと、各々の樹木の被度パーセントの算出が楽になります。

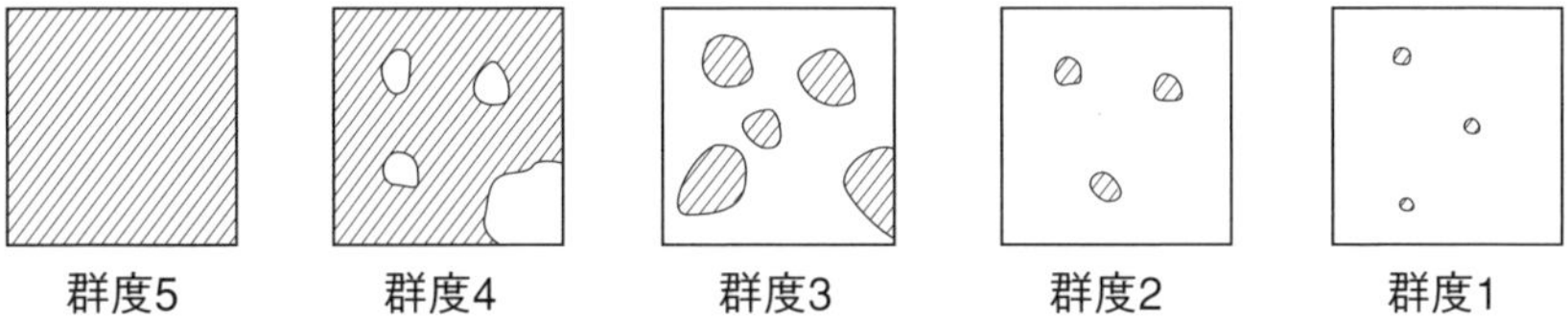

図8－3　群度模式図（斜線部は植物）

(5) 立地条件の調査

調査区の標高、斜面方位、傾斜角度、土壌型、地形条件などを記録します。標高は地形図で読み取るのが望ましいのですが、やむを得ない時は高度計を使用します。方位・角度はクリノメーターをつかって計ります。

(6) その他の記録

調査年月日、調査者名、調査地の住所・神社名、調査地の緯度・経度などを記録します。調査区番号、調査年月日、調査者名、住所等は必ず調査時に記録します。時間によゆうがあれば調査区内の高木については、毎木調査を行って高さと胸高直径を調べておくと、その森の自然性の評価ができます。

(7) 調査票の完成

(1)から(6)までの調査ができたら、現地植生調査は完了ですが、植物同定の作業が残っています。同定作業が終わって初めて調査票が完成します。重要な植物はさく葉標本（押し葉標本）にして保存してください。

何枚かの調査票が集まれば、それを一覧表にまとめてください。それをもとに森の現状を診断してください。

（服部　保）

9 どんな歴史があるのだろう

(1) 森の管理や災害の歴史を調べよう

森の歴史を宮司《ぐうじ》さんや氏子《うじこ》の総代さんにインタビューしたり、資料を探して調べてみましょう。インタビューをするときは何をきくのか前もってかんがえて、整理しておきましょう。資料は、学校、地域の図書館、資料館に行ってさがしてみましょう。

森は、人によってどのような管理をされてきたのでしょうか。人が森のなかへ入ることはできたのでしょうか。

昭和三〇年ごろまで里山《さとやま》では、薪《たきぎ》や炭、堆肥《たいひ》をとるために、森のなかに生える草や低木を刈ったり、落ち葉をかきあつめたり、枯れ枝をとったり、木を切ったりして、森を手入れし、それを利用してきました。

また、木材をえるために、植林がおこなわれ、植えた木が育ちやすいように、下草を刈り、じゃまな木を切ったり、ということがくりかえされてきました。

森はどのような災害を受けてきたのでしょうか。森の生きものに大きな影響をあたえる災害には、洪水、台風、雷、地震などがあります。これらは、森の木々をたおし、上が木におおわれていない明るい場所をつくりだします。そして、そのような場所が好《す》きな植物が森のなかに入りこむチャンスをつくります。

自然は、「遷移《せんい》」といってそのすがたをだんだんとかえて行きます。土もない岩だけの土地も時間がたつと、草原、低木林、太陽の光が好きな高木（陽樹）の林、陰でも耐えられる高木（陰樹）の林へとすがたをかえていきます。この遷移の最後のすがたを「極相《きょくそう》」といいます。日本ではふつう陰樹林で、近畿地方では冬も緑の葉をつける照葉樹林（常緑広葉樹林）となります。

数十年、百年単位でくりかえし起こる洪水のような自然災害は、森が極相まで遷移することを妨げ、極相になる手前の森をたもってきました。ところが最近、河川改修により洪水を防ぐことができるようになったため、洪水によって木々がたおされなくなり、各地の森で急速に遷移がすすんでいます。

京都市にある賀茂御祖《かもみおや》神社（下鴨《しもがも》神社）の糺《ただす》の森《もり》は、高野《たかの》川と賀茂川の「扇状地」にあります。この森は、長い間、定期的におとずれる洪水によりムクノキやエノキ、ケヤキなどのニレ科の木が多い森をたもってきました。昭和九年（一九三四）の室戸《むろと》台風と、翌年の百年に一度起こるような大洪水によって、大きな木がほとんど倒れ、その間にクスノキが植えられました。クスノキは、本来この森になかった木でしたので、もとの森の復元とはいえませんが、こうして今は、ニレ科の木にまじってクスノキが大きく育っています。しかし、林床がすこし暗いことや、人が立ち入るところでは、土がふみかためられているため、あとをつぐ若い木が育っていないところがあります。そのため、植樹もおこなわれています。

図9－1　室戸台風直後の糺の森（昭和９年）

また、都市化や高野川の改修によって糺の森のなかの奈良の小川や瀬見《せみ》の小川、糺池《ただすいけ》はかれてしまいました。現在、和歌にも詠《よ》まれたこれらの水辺を復元し、より豊かな生きものの森をとりもどす努力がされています。

(2) 森のまわりの変化をしらべよう

森をとりまく環境がどのようにかわってきたかということも、生きものたちにとってはとてもたいせつなことです。

動物は大型のものになるほどたくさんの餌《えさ》を食べます。小さな森には、餌が少ししかないので、そのようなとき動物は近くにあるいくつかの森を利用しようとします。ところがまわりが市街地化されると、鳥などのように飛ぶことのできない生きものは、森の外に出ることができなくなってしまいます。そのような生きものの場合、ひとつの森では餌がたりなかったり、配偶者にめぐりあえなかったりするので、絶滅してしまいます。

すこし専門的になりますが、森のまわりの様子がどのように変化してきたのかは、絵図や地形図、航空写真を使って調べてみるとよくわかります。近世では村絵図などの絵地図や古文書などの記録が残されています。明治はじめにつくられた地形図には、関東地方では「迅速測図仮製地図《じんそく》」が、近畿地方では「京阪地方仮製二万分一地形図」があります。その後、地形図は全国で順次作成、改訂されているので、地形図を年代を追って見ると、森や森の周りのおおよその変化がわかります。前にもいった航空写真ではもっとくわしいことがわかります。森の大きさや形、森のなかのようす、まわりの川や池、田んぼ、畑やまちがどのようにかわってきたのか調べて、生きものとのかかわりをかんがえてみましょう。

（今西純一・森本幸裕）

植物にとって森とは何だろうか

森の植物たちにとって一番たいせつなことは、自分たちがどのように生き残っていくかということかもしれません。

森には明るい場所、暗い場所、かわいた場所、しめった場所などさまざまな環境があります。植物はそれぞれの環境のなかで、それぞれの方法で生きのころうとしています。ヤマウルシなど明るいところで生長の速い植物は、上にある木がたおれ、森に明るい場所ができたら、ほかの植物にさきがけて出てきて、あっというまに生長します。暗い場所、乾いた場所、水はけの悪い場所では、サカキ、アカマツ、ハンノキなど、それぞれの環境にたえられる植物が入ってきて生長します。

森のなかの環境はつねに変化しています。自然の一日の変化や季節によって、洪水や台風などの大きな変動、人の活動などによっても、森は影響をうけています。

ところで、森の環境を変化させている人の活動は、自然の変動と同様いつも植物にとって悪いわけではありません。ほどよい下草刈りや落ち葉かきは、雑木林の林床《りんしょう》にササ類がおいしげらないようにし、上をおおっている木を切ることは、林床を明るくします。これらの営《いとな》みは、カタクリやニリンソウなど、今では貴重な植物が生息するのにちょうどよい環境をつくります。台風で木がたおれたり、少し手がはいった森の方が生育する種類は多くなるのです。最近は、むかしのようには人が森に入らなくなっていて、里山《さとやま》の身近な自然がうしなわれてきています。

植物は生きのこるために種子《しゅし》や胞子《ほうし》をまいたり、自分の体の一部を分裂させたりして子孫をふやしています。このような植物の活動には、多くの動物が重要な役割をはたしています。たとえばサクラソウは、トラマルハナバチという昆虫に花粉を運んでもらって種子をつくります。アレチヌスビトハギの種は、動物の体にくっついて運ばれます。シイやカシの仲間のつくるドングリは、リスやネズミがかくしておいたものが、わすれさられてそのまま芽を出すことがあります。また、クスノキやアオキの実のように鳥に運ばれるものもあります。

森のなかには、さまざまな環境があります。そして、その環境は自然だけでなく人の活動も含んでいます。植物にとって森とは、このような変化する環境のなかで、動物や人とのかかわりをもち、子孫をのこしていく場所だといえるのかもしれません。

（今西純一・森本幸裕）

第4章

虫や鳥や獣を観察しよう

動物の顔

菅沼孝之 編

1 付近の人に聞き取りをしよう

前の章で述べたように、町の景観は大きく変化しています。ところが、この市街地近くに残る小さな森にも、つい最近まで、キツネやムササビが住んでいたとか、フクロウやキジが雛《ひな》を育てていたといった話がたくさんあります。鎮守《ちんじゅ》の森の近くに住んでいる人に、昔はその森がどのような森だったのか、そこにどんなけものや野鳥がいたのか、いつ頃からいなくなったのかなどを、聞いてみましょう。

鎮守の森でも、森自体にも、そこに住んでいる動物自体にも、大きな変化があったことがわかります。それも、少し大きな地域を対象にすると、周辺の緑地、森林や川などとの関連で、同じ大きさの鎮守の森でも、けものがまったくいないところ、まだ残っているところがあることがわかります。まわりの森林や河川などとつながっていると、そこと行き来できて、生息できるのです。

(1) 調査時期を考えよう

季節ごとの気象の変化、植物の変化に応じて、動物も季節的に大きな変化がみられます。野鳥でも、スズメやキジバトのように一年中いる「留鳥」、春に南から渡ってくるツバメ、ヨタカのような「夏鳥」、冬、北から渡ってくるツグミやジョウビタキのような「冬鳥」、あるいはヒヨドリやカケスのように、短い移動をする「漂鳥」がいます。その森にどのような野鳥が生息するかを調べるとなると、やはり、一年を通じて季節ごとに調査をする必要があります。

昆虫でも、花にくるもの、新芽だけを食べるもの、新しい葉を食べるもの、果実を食べるものなどがいます。それぞれの時期でないと、こうした観察はできません。花といっても、多くは春に咲きますが、夏や秋に咲くもの、また、冬に咲くヤツデ、ビワ、ツバキなどもあります。

それぞれの季節で花にくる昆虫もちがいます。昆虫の方にも、いろんな花を訪れるものがありますし、ある特定の植物の花しか訪れないものもあります。どんな花がいつ咲くのか、それにどんな昆虫がくるのか、一年を通じて調べてみると、そこに植物と昆虫の密接な関係があることがわかります。

冬、昆虫は少なくなりますが、チョウでも、アカタテハ、キタテハ、ウラギンシジミ、ムラサキシジミなどは成虫で越冬するものがいますし、トンボにもホソミオツネントンボ、ホソミイトトンボなどのように成虫で冬を越すものがいます。ガの仲間でも、フユシャクの仲間は冬にでてきます。もちろん、落ち葉の下、朽木のなか、石の下にはたくさんの昆虫が越冬しています。

昆虫では成虫や幼虫にくらべ、卵や蛹《さなぎ》の方がより低い温度に耐えられるし、幼虫でも繭《まゆ》のなかの方が保温されています。葉の落ちた枝にガ類の繭や、チョウの蛹がみつかります。オオカマキリ、ハラビロカマキリなどのカマキリの卵塊もあります。

季節をかえ、一年中、観察を続けてみましょう。

（渡辺弘之）

鳥を観察しよう 2

(1) 都市の森は陸の孤島

鳥はほかの生きものに比べて移動する能力に優れています。生息している場所の環境が悪くなると、鳥はすみやすい場所に移動していきます。もっとも、都市化によって鳥の気に入るような場所は少なくなってきているのですが。

「島の生物地理学」の話を紹介しましょう。世界の海の孤島には、その島や近くの島だけにすむ、固有の生き物がいます。ガラパゴス諸島にすむウミイグアナ・リクイグアナや奄美《あまみ》大島にすむ天然記念物のアマミノクロウサギなどです。これらの孤島では、島のなかで食料不足や病気など何かの惨事があった場合、そこにすむ生き物たちの数は減ってしまいます。また、仲間の生き物たちも島に渡って来ることができないため、ついには絶滅してしまいやすいのです。

マッカーサーとウィルソンという学者が、カリブ海にうかぶ島々に生息する生き物の種類を調べて、提唱したのが島の生物地理学理論です。これは、その島に住む生き物の種類の多さ（種数）は、大陸から島への移住のしやすさと、絶滅する危険性のバランスで決まるという考えです。島の面積が大きいほど、種類が多いだけでなく、同じ面積でも大陸に近い島の方が多いことから、この理論を提唱しました（108ページ図7-1参照）。

ところで、同じような現象が私たちの住むまちにもあてはまることにみなさんはお気づきでしょうか。都市はさまざまな生きものにとって渡ることのできない大海のようですし、都市に点在する森は海に浮かぶ島のようです。このように見ていきますと、都市の森は海の孤島と同じように、森の面積が大きくなれば、森に棲《す》む生き物の種数が増えるという関係がありそうだとは思いませんか?

(2) さあ鳥を観察してみよう

鳥の観察には双眼鏡と図鑑、筆記用具を忘れずに持って行きましょう。双眼鏡がなくても鳥を見ることはできますが、双眼鏡を使えば鳥の姿をはっきりと観察できます。倍率は七〜一〇倍、対物レンズの口径は三〇〜四〇ミリ程度のものがよいようです。図鑑は見分ける特徴が書いてあるものがわかりやすいでしょう。また、鳥に限らず生き物の観察は、詳しい人といっしょに行くとよいでしょう。

森の鳥が見つけやすい季節は、鳥の数が増え、木の葉が落ちた冬です。木のてっぺんや水平な枝、赤い実をつけている樹木、地面で鳴いている鳥をさがしてみましょう。群れで騒がしく木の実を食べている黒っぽい鳥はムクドリ。林の下で落ち葉をひっくり返してミミズをさがしているのはシロハラ。もちろん、春や夏、秋にもそれぞれの鳥を観察することができるので、季節ごとに訪れてみるのもよいでしょう。春や秋の渡りの季節には、普段まちでは見かけない山で繁殖する鳥が羽を休めていることもあります。

見分け方のポイントは、鳥の大きさや姿勢、歩き方、飛び方、色や模様など、その鳥の特徴をさがします。ムクドリはまっすぐ飛び、ヒヨドリは上下に波のように飛びます。スズメ、ムクドリ、キジバトの大きさをおぼえておくと、初めて見た鳥を図鑑で調べるときに大きさの目安として役に立つ（図2-1）でしょう。

観察記録には、調査した日時、場所、見つけた鳥の名前や特徴、そのときの様子、そこで繁殖している可能性があるかどうかを記録します。

いろいろな場所で観察した結果を、森の面積を横軸に鳥の種数を縦軸にとったグラフを描いて、どのような関係があるか見てみましょう。大きな森では、夜行性の猛きん類のフクロウやアオバズクもすんでいることでしょう。

（今西純一・森本幸裕）

図2-1　大きさの目安になる鳥
上からキジバト（全長33cm）、ムクドリ（同24cm）、スズメ（同14cm）

3 落ち葉の下を調べよう

(1) ダンゴムシを調べてみよう

林床に積もった落ち葉の層の厚さを調べるときに、いっしょにダンゴムシを調べてみましょう。必要な用具は、根掘りまたは小型の熊手、ピンセット、プラスチックのシャーレまたはポリ袋、ルーペ、記録用紙、筆記用具、内寸五〇センチ四方の木枠です。枠をつくるのに二メートルのひもを利用してもかまいません。

落ち葉が自然に積もっているところを見つけたら、根掘りや小型の熊手を使って、落ち葉をかきわけ、五〇センチ四方の枠をおきます。そのなかにどの種類のダンゴムシがどれくらいの割合でいるのか記録してみましょう。ダンゴムシはシャーレかポリ袋に集め、ダンゴムシの種類別に個体の数を数えます。幼く小さなダンゴムシは、ルーペで見て同定《どうてい》（種類の区別をすること）します。数え終わった個体は、その場に放してやりましょう。

調査時期は、四月から十一月。ダンゴムシは冬季にも観察できますが、個体の数は減少します。時刻に制限はありません。

記録用紙には、調査した日時、場所、見つけたダンゴムシの種類とその個体数、林床に積もった落ち葉の様子（落ち葉の層の厚さや落ち葉の種類、落ち葉の朽ち具合など）を記録します。後でそれぞれのダンゴムシが全体の何パーセントを占めていたかも計算して、記録しておきましょう。

(2) ダンゴムシの見分け方

日本には、二種類のダンゴムシが広く分布しています。オカダンゴムシは世界に広く分布し、海浜から都市、庭園、耕地などさまざまな環境に姿を見せます。日本には明治以降に入ってきました。また、北海道への分布拡大はつい最近のことで、函館《はこだて》、札幌、小樽《おたる》などの都市域でしか生息は確認されていません。

セグロコシビロダンゴムシは、日本に固有の種と考えられ、本州(北限は太平洋側では関東南部地方、日本海側は北陸地方)に分布しています。一定規模以上の面積を持つ森で、林床が乱されず、落ち葉が自然に堆積しているような環境に生息します。

セグロコシビロダンゴムシは、オカダンゴムシの体重が最大二五〇ミリグラムになるのに対し、せいぜい五〇ミリグラムにしかなりません。触ると他のダンゴムシと同じように丸くなりますが、すぐに起き上がって動くことで見分けることができます。頭部前縁の形は、オカダンゴムシではゆるやかに湾曲しま

図3−1　左からハナダカダンゴムシ、セグロコシビロダンゴムシ、オカダンゴムシ

すが、セグロコシビロダンゴムシでは直線状になっています。

横浜などでは、ほかにハナダカダンゴムシも知られていますが、オカダンゴムシよりやや小型で色が濃く、動くのがずっと速いことでわかります。また、頭部中央に四角形の突起があることでも区別できます。

(3) ダンゴムシの種類からわかること

オカダンゴムシはさまざまな環境にすむことができますが、セグロコシビロダンゴムシは落ち葉が自然に堆積するような比較的良質の森にすみます。セグロコシビロダンゴムシが分布する地方では、オカダンゴムシとセグロコシビロダンゴムシの比率を調べることで、セグロコシビロダンゴムシや同じような環境を好む生き物にとってふさわしい環境が、その森に残っているのかを知ることができます。ダンゴムシの種類と落ち葉の層の様子、人の活動との関係について考えてみましょう。

ダンゴムシは遠くまで移動できないので、新しく造成された孤立した森の場合は、セグロコシビロダンゴムシが侵入しにくいと考えられます。ダンゴムシの視点から、森の歴史についても考えてみましょう。また、オカダンゴムシをいつから見かけるようになったのかお年寄りに聞いてみましょう。オカダンゴムシの分布拡大の様子がわかるかもしれません。

ダンゴムシのように移動距離が短い生き物は、地域の環境に適応し地域ごとで大きく種分化《しゅぶんか》(ひとつの種が複数の種に分かれること)をとげています。セグロコシビロダンゴムシも中国、四国、九州のものは、近畿、中部、関東のものとは別種のタテジマコシビロダンゴムシだともいわれています。

(今西純一・森本幸裕)

4 枯木、朽木、倒木などを観察しよう

(1) 腐り具合でちがう

少し大きな鎮守の森には大木の枯れ木が立っていますし、地表には朽木《くちき》・倒木《とうぼく》があります。大きな切り株が残っていることもあります。この倒木の下や切り株はヘビ、カナヘビ、トカゲ、時にはカエルのすみかですし、キセルガイ、マイマイなど貝類の隠れ場所でもあります。

枯木・倒木は枯れたり倒れてからの年数のちがいで、また樹種によって腐り具合が大きくちがいます。倒れて間もないものは硬いのですが、次第に腐って、カステラのように柔らかくなります。腐り具合でそこにみつかる昆虫にもちがいはありますが、昆虫が穴をあけ材の深くまで入ることで、木材を腐らす腐朽菌や水が池の中に入り、腐ることを助けているのです。

樹の皮がはがれるようでしたら、そっとはがしてみてください。ヒラタムシ、ゴミムシダマシ、ヒラタカメムシなど体の扁平な虫がみつかります。

柔らかくなったところを崩してゆくと、一般にクチキムシ（朽木虫）といわれている、甲虫の仲間のクチキムシのほか、キノコムシ、カッコウム

図4−1　倒木の上を歩くルリボシカミキリ

シ、ナガクチキムシ、ゴミムシダマシ、ゾウムシ、キクイムシ、ハナノミ、コメツキムシ、タマムシ、カミキリムシ、ケシキスイなどさまざまな甲虫がいます。ときには、クワガタムシがいたりします。甲虫のほかにキバチや長い尾をもつウマノオバチなどがみつかります。関西以西の暖かいところではオオゴキブリやシロアリもいます。

樹皮の上にいるものは樹皮の模様によく似た保護色をしています。なかには木の小さなこぶそっくりのものもいます。じっとしていると動き出しますので、ゆっくり観察しましょう。

これら枯木や切り株には、さまざまなキノコがはえてきます。柔らかいキノコはすぐに腐ってしまいますが、このなかからはキノコバエ、ショウジョウバエ、トビムシなどがでてきます。また、サルノコシカケのような硬いキノコからはケシキスイ、デオキノコムシ、シバンムシ、ハネカクシなどがでてきます。

図4－2　ツバキの葉を食べるチャドクガ

昆虫のなかには暗くなってから活動するものもいます。夜間、懐中電灯で観察してみると、昼間とはまたちがう昆虫がでてきます。しかし、オオムカデがいたりスズメバチ、アシナガバチなどハチの巣があったりしますし、サクラ、コナラにはドクガ、サザンカやツバキにはチャドクガ、カキにはイラガがついていることがあります。また、アオバアリガタハネカクシ、アオカミキリモドキなどに触るとかゆくなったり、みみずばれができたりしますから、注意しましょう。

（渡辺弘之）

動物が残した痕を見つけよう

(1) 足跡

動物たちはさまざまなサインを森のなかに残しています。サインのなかには非常に特徴的で、すぐにサインの主を特定できるものもありますが、一般的にはたった一つのサインだけから種類を特定するのは難しいようです。付近の人への聞き取り調査の結果も参考にして、フィールドにサインがあるか探してみましょう。

まずは雪や泥、細かい砂地の上に残った足跡を見つけて、足跡の主を考えてみましょう。

足跡が蹄《ひづめ》型であれば、里山の場合、シカ、カモシカ、イノシシが考えられます。イノシシの足跡では、主蹄のほかに副蹄の跡が残る場合がよくあります。シカの足跡はカモシカの足跡より細いことが多いですが、実際にフィールドで足跡だけから区別するのは難しいです。分布情報や目撃情報などとあわせて判断するのがよいでしょう。

足跡が指型であれば、里山の場合、イヌ、キツネ、タヌキ、ネコ、あるいはイタチの可能性が高いでしょう。イヌ、キツネ、タヌキ、ネコは、それぞれ前足、後足とも四本の指跡が残り、足跡は似ています。キツネは歩行するとき、前足の踏み跡に後足を重ねて歩き、ほぼ一直線上に足跡を残すパターンに特徴があります。ネコの足跡には爪の跡が残りません。ただし、イヌ、キツネ、タヌキでも爪跡が残らないことがあるので、爪跡がないことによる判断がいつも正しいわけではありません。イタチの足跡には、五本の指跡が残ります。

足跡が人型であれば、サルやハクビシン、クマのものかもしれません。サルの足跡は人のこどもの足跡によく似ており、離れザルでなければ、普通は一度にたくさんみつかります。ハクビシンの足跡は、前足と後足で形が違っており、歩行するときには後足のかかとを地面につけません。クマの足跡は、人が裸足で歩いたときのものに似ていますが、大きく、胸幅があるため左右の足跡が離れています。

足跡が棒型であれば、ウサギ、リス、ネズミのものかもしれません。いずれも跳躍して前進する動物の足跡で、前足に比べ後足が非常に大きいのが特徴です。後足の足跡の大きさは、ウサギが一〇センチ以上、リスは五センチくらい、ネズミは二センチくらいが普通ですが、こどもの足跡は小さいことに注意しましょう。

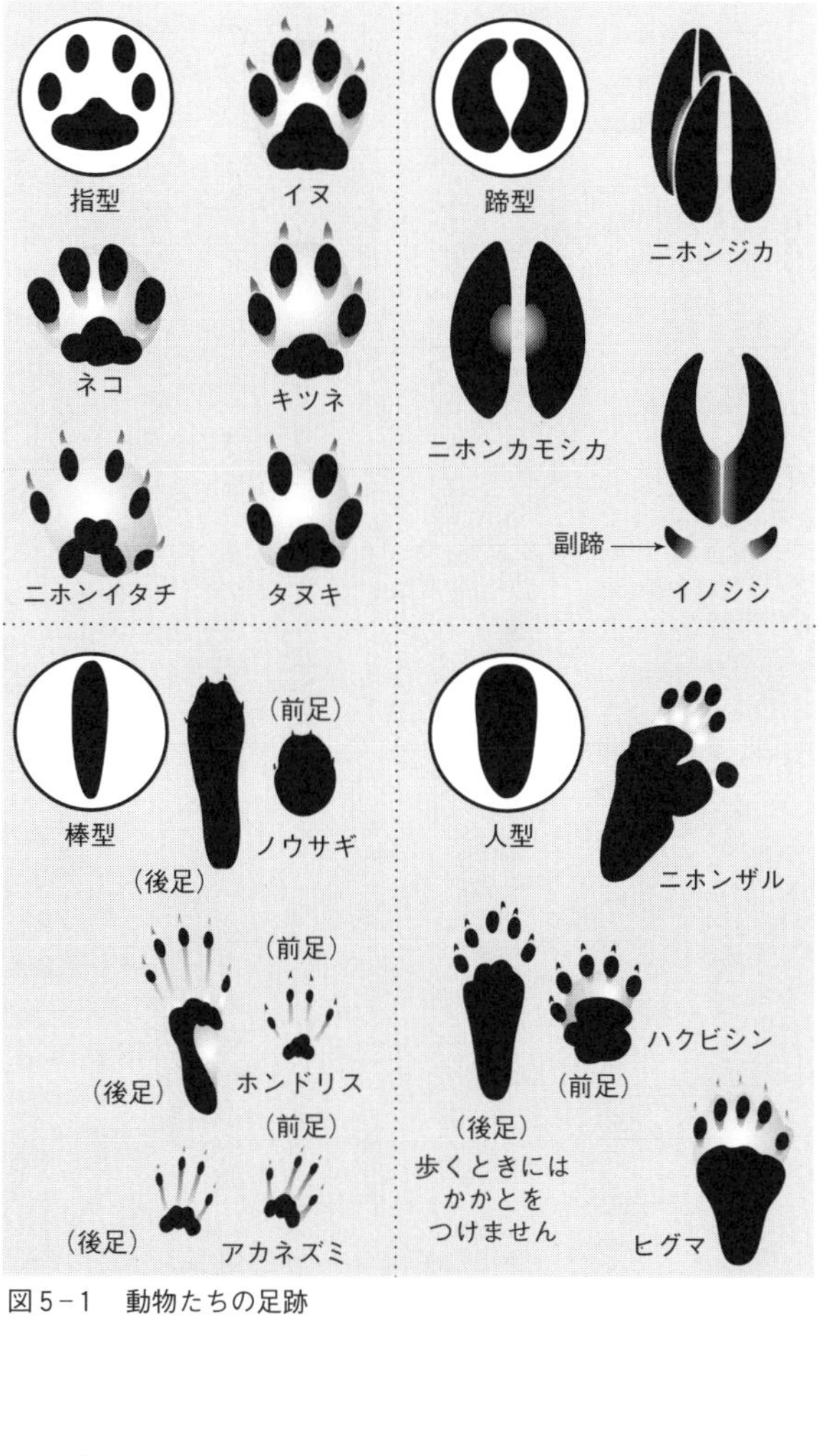

図5−1　動物たちの足跡

(2) 食べ痕

リスが松ぼっくりを食べた痕《あと》はエビフライのように見え、「森のエビフライ」と親しまれています。真冬には木漏れ日の当たるような場所でエビフライが見つかります。また、リスはクルミを合わせ目から割ってきれいに食べます。アカネズミはクルミを両脇から穴をあけて食べます。

早春の頃、ムササビはツバキのつぼみや花をよく食べます。木の下に落ちているツバキの花が不自然に傷ついていたら、それはムササビの仕業でしょう。またムササビは、手先が器用で葉を二つ折りにして食べるため、堅い葉を食べた痕を見ると左右対称にV字型の歯形が残っています。サクラの葉のような柔らかい葉は、四つ折りにして頂点をかじるので、真ん中に穴が開いた食べ痕が見つかります。松ぼっくりを食べた痕は、リスに似ていますが、ムササビは食べかけのものを地面に落としたものが多く見つかります。

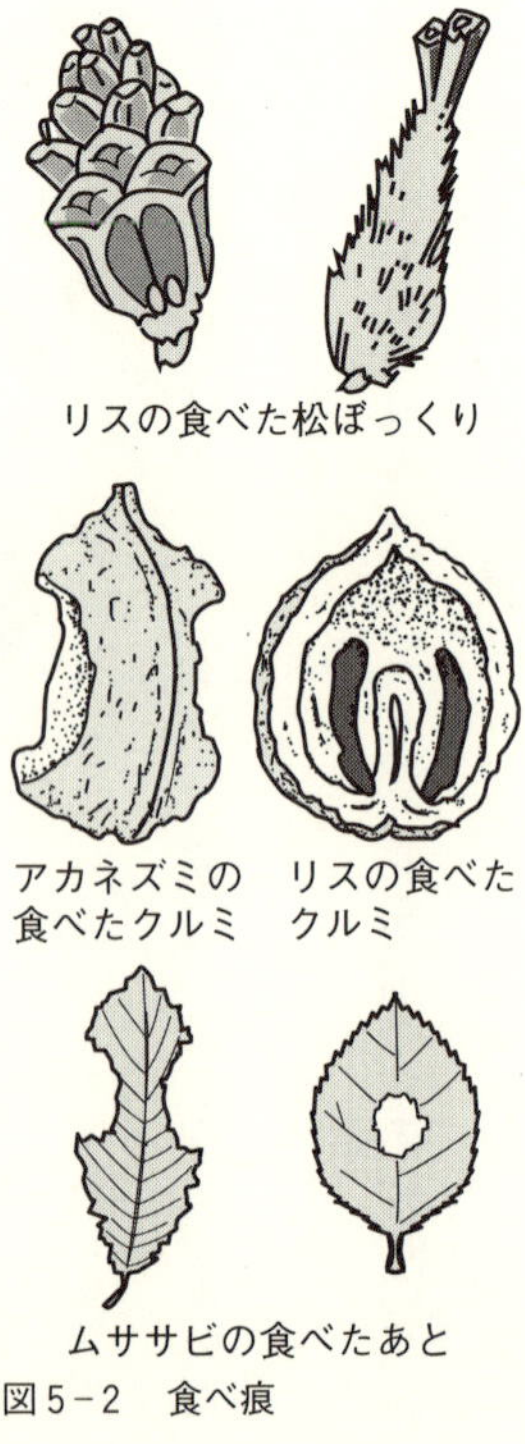

図5－2　食べ痕

(3) 巣

リスは木の上の高いところ（五メートル以上）にある枝のまたの部分に、小枝や杉皮などで直径三〇センチくらいの丸い巣を作ります。また、鳥用の巣箱に入ることもあります。

ムササビは顔の直径が一〇センチ近くあるので、巣穴としてある程度大きな樹洞が必要です。大きな木があることが多い社叢には、ムササビの巣である樹洞があるかもしれません。ムササビは樹上で生活するので、餌《えさ》のある山まで森が続いていれば、ムササビにとってよりよい生息場所になるでしょう。

(4) ヌタ場

イノシシとシカには、「ヌタを打つ」という独特の習性があります。泥を浴びてダニなどを落とすためで、山間の湿った土地で、土が混ぜ返されたような「ヌタ場」がよく見つかります。

(5) 糞

タヌキ、アナグマ、カモシカは、同じ場所に大量に「ため糞《くそ》」をします。タヌキでは個体間のコミュニケーションに使われているといわれています。

(6) 抜け殻

アオダイショウやシマヘビ、マムシ、ヤマカガシなどのヘビの仲間や昆虫は脱皮し、抜《ぬ》け殻《がら》を残していきます。もっとも、ゴキブリのように抜け殻を食べてしまうものもいるようですが。

森林に棲《す》む代表的な昆虫のひとつであるセミの抜け殻を調べてみましょう。セミの抜け殻調査は環境省でも一九九五年と二〇〇一年に行っています。セミの命を奪うことなく調査でき、誰にでも簡単に種類や雌雄の区別ができ、個体数や密度についての精度の高い量的なデータがとれるといった利点があります。

日本全国に分布するセミは三二種。南西諸島にだけ分布する種類が多く、北海道から九州（島は除く）に分布するのはそのうち一六種、市街地から低山地に普通に分布するのはさらに少なく、ニイニイゼミ、ヒグラシ、アブラゼミ、ミンミンゼミ、ツクツクボウシ、ハルゼミ、クマゼミの七種類です。セミは森林にすむ昆虫なので、都市化が進み森がなくなったり、また、森が孤立すると、種類の構成が変わったり、数が少なくなったりすることが予想されます。

七種類のセミのうち、ハルゼミは五月から六月に、その他のセミは七月から八月に発生します。成虫は樹液などを吸って生活し、雄が盛んに鳴きます。交尾が行われると、雌は木の枝に傷をつけて卵を生みこみ、卵から孵化《ふか》した幼虫は地上に降りて地中の生活に入ります。地中生活の期間はニイニイゼミで四年、アブラゼミで六年。その間、幼虫は四回脱皮を繰り返します。終齢幼虫は季節になると地上に出て、木の幹や枝、葉先などにつかまって羽化します。このときの脱皮殻がいわゆるセミの抜け殻です。

セミの抜け殻調査は、大勢で協力してすすめることができる調査です。事前に打ち合わせをして、調査方法を確認しておきましょう。また、セミの発生する時期の前に調査する森を見回って、前年までの抜け殻で残っているものをすべて取り除いておきます。

セミの抜け殻が見つかる場所は木の幹では、大人の背丈より下の方や葉の裏、枝の先、地面近くの草などです。木の葉の裏や地面近くの草は、しゃがんで見てみましょう。種類によっては、木の高いところにもついている場合があるので、見上げて探してみましょう。木についていない抜け殻もあります。セミが羽化するのに好みそうなところを探してみましょう。

調査に必要なものは、ルーペ、ポリ袋、記録用紙、筆記用具です。調査期間はおおよそ七月下旬から九月中旬まで。毎日、あるいは、一～三日おきに調査をすると、どのセミがいつ頃から現れ、いつ頃現れなくなったのか、セミの発生のようすを調べることができます。発生の時期を調べない場合でも、風雨や子供によって落とされるものも多いので、なるべく回数多く、一～二週間おきに調べたほうがよいでしょう。採集した抜け殻はポリ袋に入れ、年月日、場所を書いた札をつけて保存しましょう。あとで複数の人で確認するようにするとよいかもしれません。

セミの種類は、殻の大きさ、色、光沢、触角の長さや毛の多さ、泥がついているか等をルーペも使って見分けます。環境省が二〇〇一年に行った調査の手引き書は、インターネットからダウンロードでき、

アブラゼミより大きい 体長33mm以上	アブラゼミと同じくらいの大きさ 体長26mm～32mm		アブラゼミより小さい 体長24mm以下			
	触角は毛深い。第3節は第2節より長い	触角の毛は少ない。第3節は第2節と同じくらいの長さでアブラゼミのものより細い	泥は部分的にしかつかない			全体に泥がつく
			触角の第4節は第3節の1.5倍	触角の第4節は第3節より短い	触角の第4節は第3節の4倍程度	
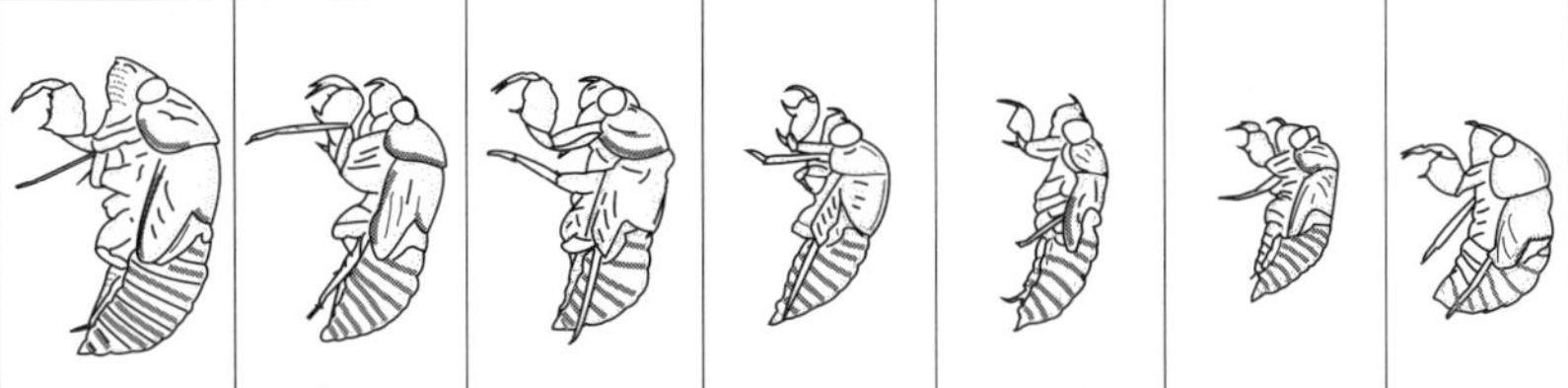						
クマゼミ	アブラゼミ	ミンミンゼミ	ヒグラシ	ツクツクボウシ	ハルゼミ	ニイニイゼミ
体は淡褐色。腹部背面の各節の後端は白っぽい	体は淡褐色。腹部背面の各節の後端は黒褐色			体はやや細長い	体は丸い	体は丸い

図5－3　セミの抜け殻の見分け方

二四種のセミの検索方法が詳しく載っていて参考になります。雄と雌は、腹部の裏のかたちによって区別することができます（図5−5）。

調査の結果から、調査地別に、セミの種類ごとに抜け殻の合計を計算し、種類別に割合を出して、種類の構成を比較してみましょう。都市化の進んだ地域ではアブラゼミが多く、ミンミンゼミやヒグラシ、ニイニイゼミは自然の豊かな地域に多い傾向があるようです。夏場の気温が周りに比べて高くなるヒートアイランド化した都市部では、地温の上昇に伴って南方系のセミ（近畿ではクマゼミ）の割合が増えるとも言われています。単位面積あたりの個体数（抜け殻の数）も計算して、調査地ごとに比較してみましょう。

雌雄の割合も計算してみましょう。人間の性比はほぼ一対一ですが、セミの性比はどうなっているのでしょうか。時期や場所によって、違いがあるかもしれません。

（今西純一・森本幸裕）

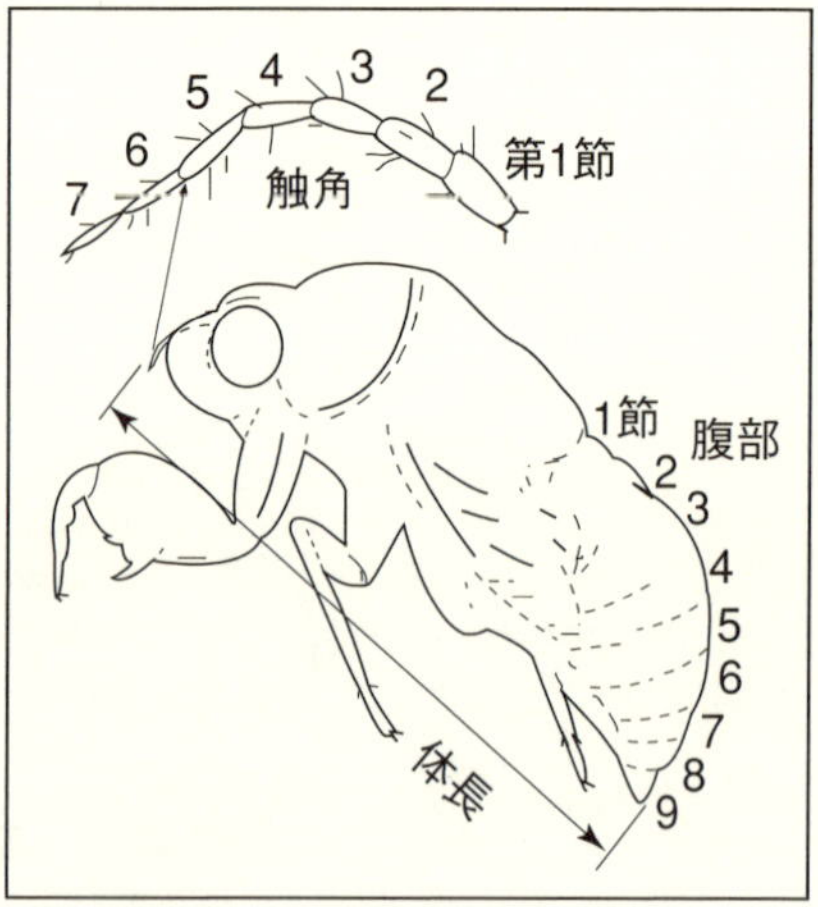

図5−4　セミの抜け殻の部位の名称

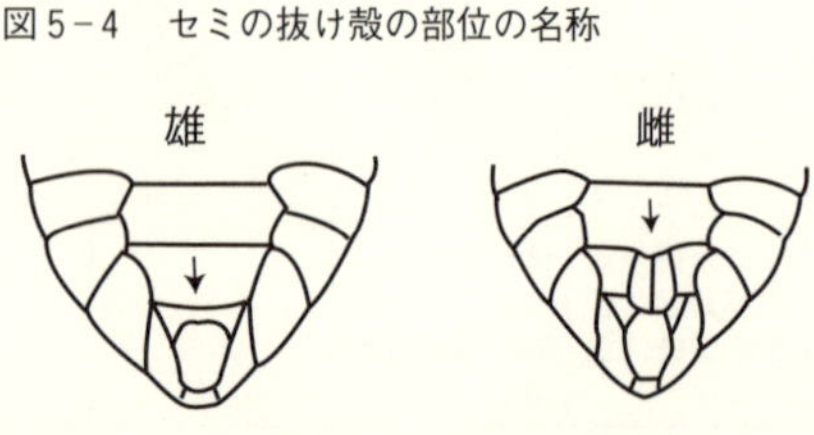

図5−5　セミの抜け殻による雌雄の見分け方

6 土のなかを観察しよう

(1) 足元にある未知の世界

森では、広場の空き地とは比較にならないほどたくさんの動物がみつかります。

深海の調査で次々と発見される動物が注目を集めていますが、もっと身近なところに未知の生物の世界があります。足元の土のなかです。小さな動物が多いこと、土と虫をより分けるのがたいへんなこと、でてくる動物の多くが幼虫や幼体で、名前がわからないことなどで、研究が大きく遅れているのです。たとえば、セミです。アブラゼミ、ニイニイゼミ、クマゼミ、ヒグラシなど成虫ならだれでも区別できます。しかし、土のなかにいるのは幼虫です。簡単には区別できないでしょう。コガネムシでもドウガネブイブイ、サクラコガネ、マメコガネは成虫ならそのちがいがわかりますが、土のなかからでてくるのはいわゆるネキリムシ（根切

図6－1　地表をあさるシジュウカラ
地表には餌の動物がたくさんいる。

虫）です。一般の図鑑をみても、多くは成虫だけで、幼虫まではでていないのです。なかには、まだ分類の専門家がいないグループさえあります。大きなミミズでもそうです。つかまえても名前がわからないのです。名前はわからなくても、土のなかにどんな生きものがいるか調べてみましょう。きっと面白い発見があるはずです。

(2) 大型土壌動物

スコップや移植ごてで落葉と表面の土をもってきて、新聞紙やビニールシートの上で広げてみましょう。蚊取り線香のようにぐるぐる巻きになったヤスデ、たくさんの脚をもつイシムカデ・ジムカデ、びっくりすると

図6－2　けものの糞に集まったセンチコガネ

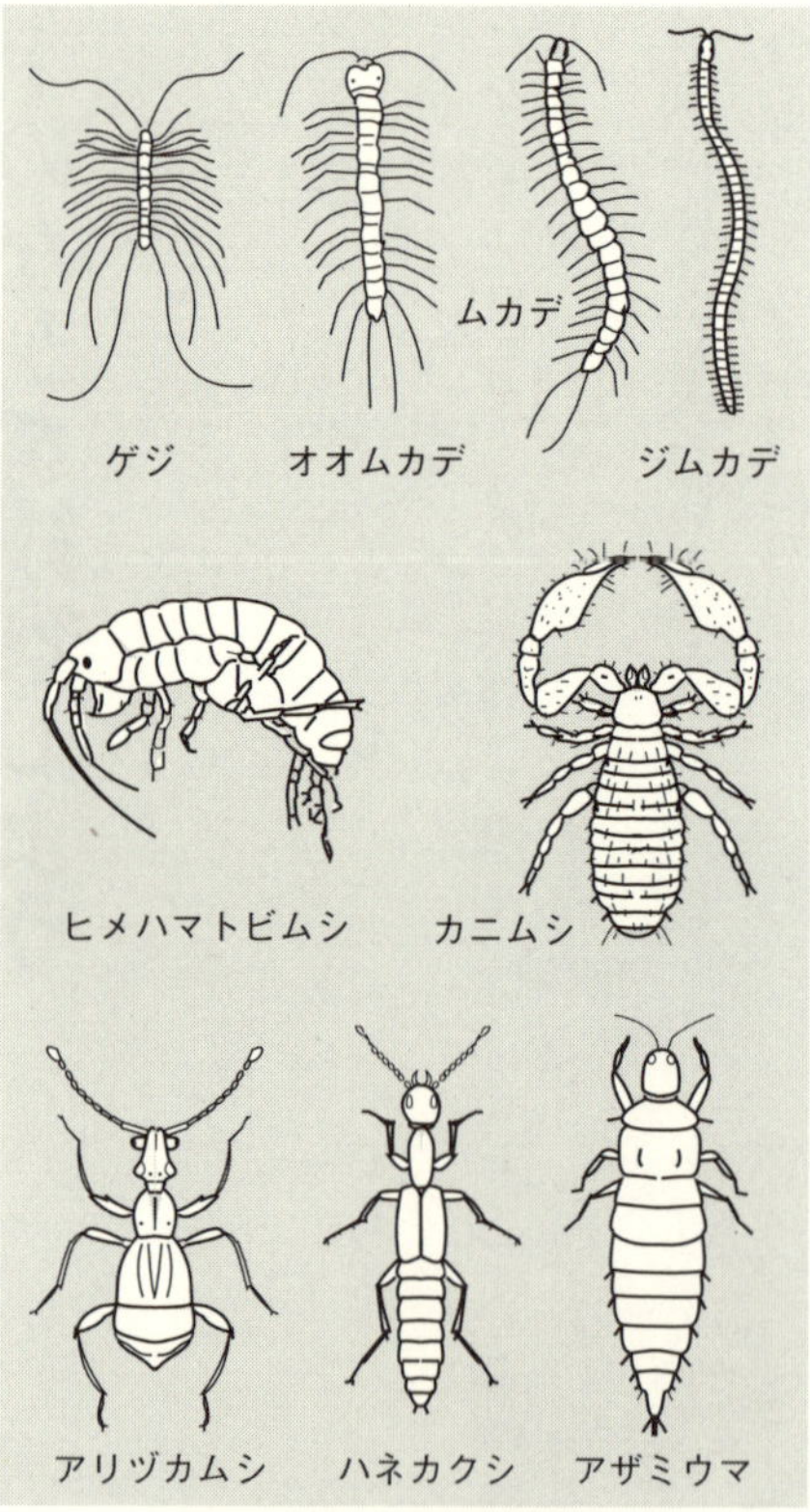

図6－3　大型土壌動物（石川和男原図）

脚を置いて逃げていくゲジ、糸のように長い脚をもつザトウムシ（メクラグモ）、ノミのようにぴょんと跳ぶヒメハマトビムシやイシノミ、小さいくせにカニのような大きなはさみをもち威嚇《いかく》してくるカニムシなどがでてきます。コムカデ、ハサミコムシ、チャタテムシ、ハネカクシ・アリズカムシなどの甲虫、ハエ類の幼虫、アリなどもみつかります。ミミズや先に述べたダンゴムシなどもでてくるはずです。これら体長二ミリ以上のもの、肉眼で採集できるものを大型土壌動物といい、このようにピンセットと手で採集することをハンドソーティングといいます。

びんや空き缶を上端が地表面と同じになるように地中に埋め込んだ落とし穴トラップ（ピットフォール・トラップ）やそのなかに腐肉・糖蜜などを入れたベイト・トラップをつくると、歩行虫とよばれるオサムシ・ゴミムシ、あるいはシデムシ、マグソコガネ・センチコガネなどが入ってきます。

(3) 中型土壌動物

さらに、この落葉や土を漏斗《じょうご》の上においたざるのなかに入れ、上から電灯を照らすと、小さな虫がたくさん落ちてきます。アート紙、園芸用のふるい、またはざる、段ボール箱、電気スタンドがあれば簡単にこの装置をつくることができます。この装置をツ

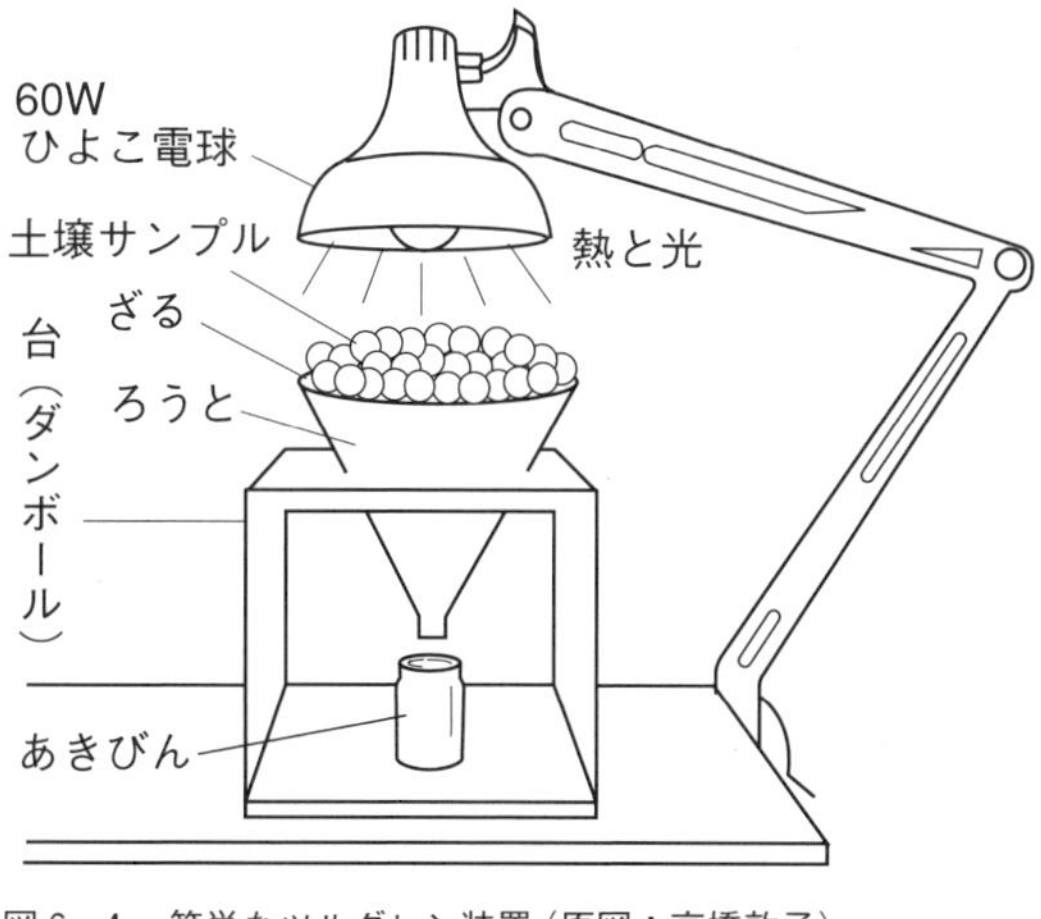

図6－4　簡単なツルグレン装置（原図：高橋敦子）

ルグレン装置（図6-4）といいます。この装置ででてくる体長二ミリ以下の小さな動物を中型土壌動物といいます。多くはトビムシという昆虫の仲間と、ササラダニというダニの仲間ですが、このダニは落葉を食べ、人のからだにはつきません。この他にカマアシムシ、アザミウマ、ハネカクシ、アリズカムシなどがでてきます。これを実体顕微鏡でみてみましょう。アカイボトビムシやアカケダニの鮮やかな赤、イレコダニやコバネダニの亀のような固いからだをもったもの、その鮮やかな色と形のおもしろさにびっくりするはずです。

(4) 小型土壌動物

土のなかにはもっと小さな土壌動物がいます。その多くは土のすきま、土のまわりの水の中で生活しています。ヒメミミズ、線虫、クマムシ、ソコミジンコなどです。これらの体長〇・二ミリ以下の小さな動物を小型土壌動物といい、水のなかで生活するので湿性土壌動物ともいいます。

これらはツルグレン装置ではでてきません。ガラス漏斗《ろうと》の先にゴム管を取り付け、それをピンチコックで止めておきます。漏斗に水を注ぎ、このなかにガーゼで包んだ土を入れます。一～三日間、そ

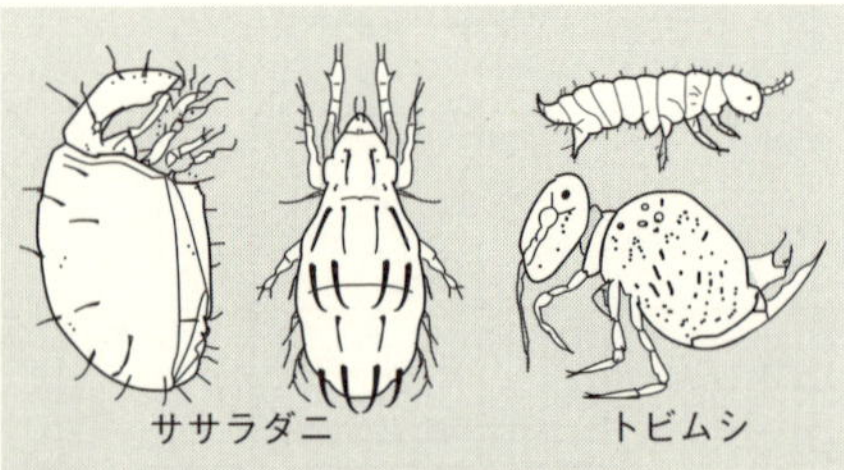

図6－5　中型土壌動物（石川和男原図）

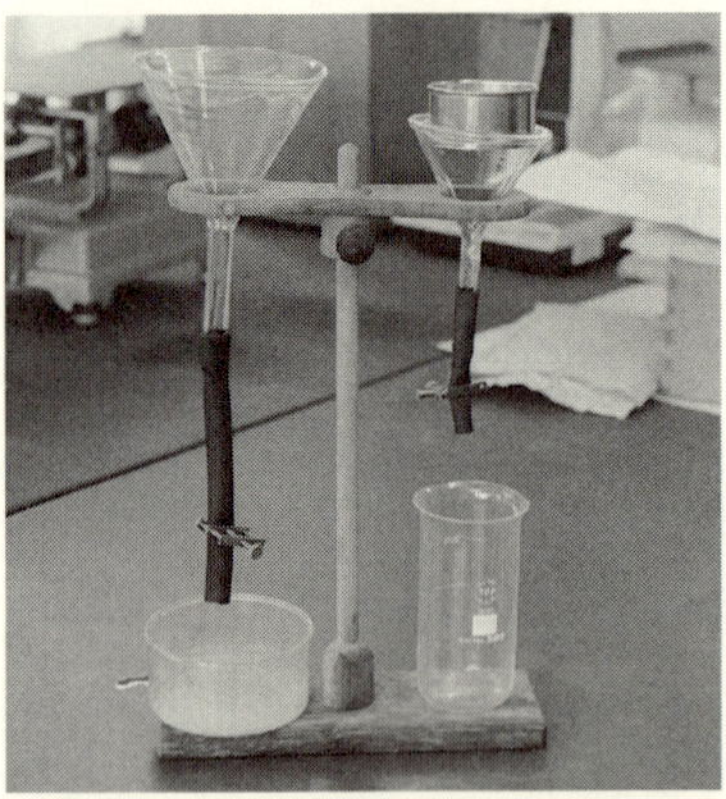
図6－6　小型土壌動物（湿性土壌動物）の簡単な抽出装置

のまま置いておくと、湿性動物が水のなかに泳ぎだしてきて、ピンチコックの上にたまります。コックをゆるめシャーレのなかに少しだけ水を流します。それを実体顕微鏡で観察してみましょう。

くねくねと動くヒメミミズや線虫、ワムシ、ソコミジンコ、クマムシなど、土のなかにいろいろな動物がいることがわかります。土のなかの動物のことを、「土のプランクトン」とよぶことがあります。海のなかや湖と同じように、土のなかにもいろいろな生きものがいるのです。

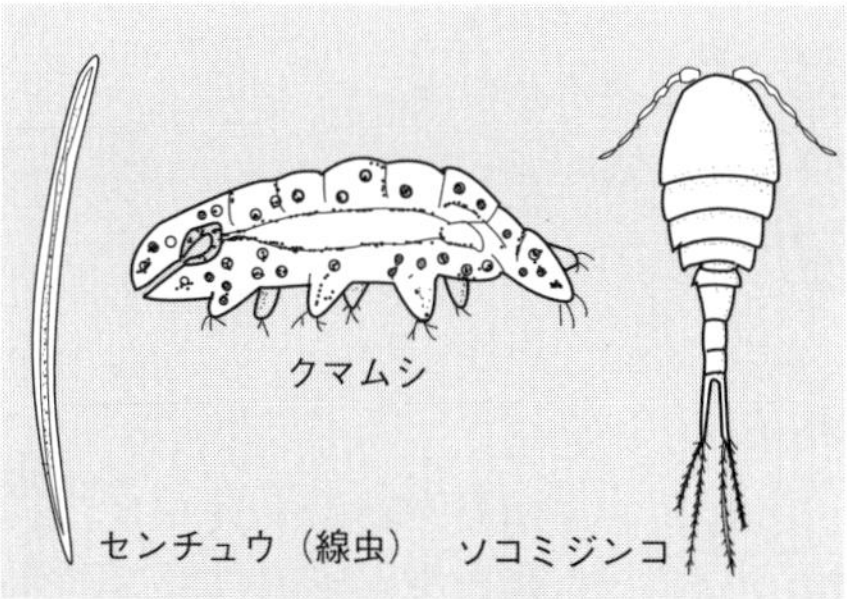

図6−7　小型土壌動物（石川和男原図）

正しい名まえを知るには専門家の同定が必要ですが、何の仲間かを調べるのに参考になる本を次にあげておきます。

青木淳一・渡辺弘之（監修）『土の中の生き物』築地書館（一九九五）
青木淳一『日本産土壌動物　分類のための図解検索』東海大学出版会（一九九九）
渡辺弘之（監修）『土壌動物の生態と観察』築地書館（一九七三）

（渡辺弘之）

7 水のなかを観察しよう

(1) 魚を観察してみよう

森のなかにある池や川に、どんな魚がすんでいるのか、岸辺から眺めたり、網で魚を捕まえて観察してみましょう。生きものをとることは禁止されている場所が多いので、事前に確認して、必要なら許可をもらっておきましょう。

記録用紙には、調査した日時、場所、魚の種類や数のほかに、池や川の環境も記録しておきます。池や川の底や岸がどんな材料でできているのか、魚がすむのによさそうな岩の割れ目があるか、どんな水草が生えているのか、浅瀬や淵《ふち》（深くなっているところ）があるか、水は澄んでいるか濁っているか、水は暖かいか冷たいか、湧水はあるかなどに注意しましょう。

また、在来魚（もともとその地域にすんでいる魚）はすんでいるか、オオクチバス（ブラックバス）やブルーギルのような外来魚が殖《ふ》えていないか、特定の限られた種類の魚だけになっていないかにも気をつけて観察してみましょう。

池や流れがおだやかな小川では、タモロコやモツゴが見つかるかもしれません。タモロコは岸辺の水草のなかなどにすんでおり、一対の口ひげをもっています。モツゴは口先が細く突き出て受け口になっており、ほかの種類と簡単《かんたん》に区別できます。関東地方ではクチボソともよばれます。川岸のヤナギやヨシの下の淵やため池には、カワムツがいるかもしれません。カワムツはオイカワとよく似ていますが、体がやや黄色っぽく、体に太い鮮明な黒い縦帯（頭から尾鰭《おひれ》の方向の帯）ができます。オイカワは、ある程度流れがあって浅い瀬の部分に多く見られます。オイカワの雄は、夏の産卵期になると体の表面が赤や青で美しく彩られます。

ヨシノボリは、川や池の底の部分に棲《す》んでいて、石の隙間《すきま》などに隠れています。動作が非常に鈍いので網などで容易に捕まえることができます。腹びれは胸びれの直下にあり、吸盤になっています。コイは鑑賞魚として古くから親しまれてきました。野生のコイは黒っぽいのですが、色鮮やかな改良品種はニシキゴイとしてよく知られています。よく似たフナにはひげがなく、コイのあごには長短二対のひげがあることで区別することができます。外来魚であるオオクチバスは口が大きく、上あごより下あごのほうが前に出ています。よく似ているコクチバスも各地で増え問題となっています。ブルーギルは成魚では、えら蓋《ぶた》は青白

図7－1　池や川にすむ魚たち
（上から）タモロコ、カワムツ、オイカワ

色に縁取られ、えら蓋の上部は後ろに伸び、そこが黒っぽい斑紋《はんもん》になっています。幼魚では、体が全体的に青みがかっています。平野部のいたるところで繁殖し、池・川ともにその数を増加させています。オオクチバスやブルーギルは卵や小魚を食い尽くすため、在来の水生生物の数は激減し、絶滅寸前となった生きものもいます。

観察のとき、必要があって水辺を歩くときには、足元に十分注意しましょう。泥に足を取られて転んだり、腰まで埋まってしまうこともあるので、棒などで地面をさしながら歩くとよいでしょう。

(2) 水生昆虫を観察してみよう

池や川にすむ水生昆虫を観察してみましょう。魚の観察と同じように、岸辺から見たり、網で捕まえて、どんな水生昆虫がいるのか観察します。記録用紙には、調査した日時、場所、水生昆虫の種類や数のほかに、池や川の環境も記録しておきます。池や川の周りの湿地や草地、森の様子もいっしょに記録しておきましょう。

水草が茂っていない水面には、アメンボの仲間が見つかるでしょう。水面を滑るように進むアメンボは、さまざまな環境に生息でき、あらゆる水域に見られます。水草が繁茂している池では、マツモムシが見られます。マツモムシは、オールのように長い後肢《あとあし》を持ち、背中を下向きにして水面直下に浮いています。さわると刺され、数日間はハチに刺されたような痛みが残るので注意しましょう。

池の水面をくるくるとめまぐるしく泳いでいるのはミズスマシです。体は紡錘《ぼうすい》形で、色は金属のような光沢のある青黒色です。一見すると小型のゲンゴロウのようですが、後肢よりも前肢が長く発達しているのが特徴です。ミズスマシはさなぎになるためには土が必要なため、護岸の進んだ水域では見る機会が減ってしまいました。

池のなかでよく目につく虫はゲンゴロウです。タガメの仲間と違い、水中を活発に動き回ります。また、ゲンゴロウは水際だけでなく水草の少ない池の中央部にもいます。さなぎになるために陸上の土の部分が必要で、ゴムシート張りやコンクリート護岸の池にはすむことができません。タガメは強力な鎌状の前肢を持っており、オタマジャクシやカエル、小魚を捕まえて食べます。戦前まではありふれた昆虫でしたが、戦後、農薬散布による水質の悪化、圃場整備《とじょう》による生息地の減少、ブラックバスやブルーギル、ウシガエル、アメリカザリガニなどの外来種による餌《えさ》の食い荒らしや生活場所の取り合いにより、今ではその絶滅が心配されています。

そのほかにも、池の水草のあるところでは、卵を背中に背負ったユーモラスなコオイムシや、カマキリに姿がそっくりのミズカマキリ、トンボの幼虫であるヤゴも見つけることができるかもしれません。ヤゴの抜け殻がないか、杭や水面から突き出た草の葉や茎《くき》、岩やコンクリートの壁面を探してみましょう。

流れがある川の底にすむ水生昆虫は、ザル（網目一〜二ミリのもの）、イチゴパックや白いバット（浅い平らな器）、歯ブラシ、スコップ、ルーペを用意して調べてみましょう。深いところや流れの速いところは避け、安全には十分気をつけまし

表7－1　川底にすむ水生昆虫の見分け方

	特徴			種類
水生昆虫	羽がない	あしがない		双翅類
		あしがある		トビケラ類
	短い羽がある	くちはふつうのかむ形	尾は２本か３本 あしのつめは１本	カゲロウ類
			尾は２本 あしのつめは２本	カワゲラ類
		くちはちょうつがいの形 おりたたみ式		トンボ類

ょう。数日前までに大雨があった場合には、一～二週間調査を延期しましょう。ザルを川底に上流に向かって斜めに立て、ザルの上流部の石を手にとります。水中で石の表面についている動物を歯ブラシで軽くこすってザルのなかにとりましょう。いろいろな大きさの石から水生動物をザルにとったら、大きいゴミは取り除き、水を入れたイチゴパックやバットにあけます。淵《ふち》の場合は、川底の砂や泥をスコップですばやくザルにすくい、水につけて二～三回ザルを揺すると昆虫が表面に出てきます。

川底にすむ水生昆虫は、肢の有無、羽の有無、口の形、尾の数、肢の爪の数によっておおまかに分類することができます。カゲロウ類やカワゲラ類、トビケラ類などは、早瀬（川のなかで比較的浅くて波立っているところ）の石底で見られます。一方、淵の砂や泥が堆積しているところには、モンカゲロウ類、サナエトンボ類、オニヤンマなどの幼虫が川底に潜《もぐ》って生活しています。これらの水生昆虫は水が比較的きれいな川に生息しています。水が汚れてくるとミズムシやタイコウチ、ミズカマキリ、セスジユスリカなど、汚れに強い生きものが増えてきます。昆虫以外では、サワガニやカワニナが比較的きれいな川に棲《す》む生きもので、ヒルやタニシ、サカマキガイ、アメリカザリガニが比較的汚れに強い生きものです。

水のなかにすむ生きものを観察して、その生きものが生きていくために必要な環境を考えてみましょう。また、人の活動との関係についても考えてみましょう。

（今西純一・森本幸裕）

動物たちにとって森とは何だろうか

森といっても、その植生は、気候・地形などの自然条件、その大きさ、どのように利用・手入れしてきたかで大きく異なります。植物に頼る動物は、このことに大きく影響を受けます。さらには周辺の環境・土地の利用のしかた、すなわち、周辺にある河川や森林、あるいはほかの森や公園などの緑地との連続性・配置も、移動できる動物の分布を大きく左右します。

鎮守の森は動物相（ファウナ）からみても、まちがいなく貴重な生息地です。じっさい、天然記念物・環境保全地域・自然公園などに指定されているところもたくさんあります。もともと、神南《かんな》（奈）備《び》としての神域、「定《さだめ》」として殺生《せっしょう》をしてはいけないという掟《おきて》があったことも大きな理由でしょう。身近にある森（社叢）での自然観察がもっとされるといいと思います。

動物は基本的には植物に頼って生活していますが、一方で植物も動物に頼っています。花にはチョウ、ハナアブ、ミツバチ、ハナカミキリ、ハナムグリなどいろいろな昆虫がやってきますが、昆虫に花粉《かふん》や蜜《みつ》を与えるかわりに花粉を運んでもらっているのです。

林床《りんしょう》をみると、もともとここになかった植物のあることに気づきます。シュロ、アオキ、カクレミノ、ナンテン、ネズミモチ、サンゴジュ、イヌビワ、ガマズミ、シャシャンボなどです。これらはヒヨドリ、ムクドリなどの野鳥によって種子が他から運ばれてきたのです。

また、ネズミ類やカケスはドングリを土のなかや樹皮の割れ目などに隠し、ヤマガラ、ヒガラ、コガラなどはムラサキシキブやカラマツなどの種子を土のなかに隠します。これを貯食といいます。すべてが見つけられて食べられてしまうのではなく、いくつかは忘れられ、土のなかから発芽してくるのです。

いつもやかましく、ヒヨドリがさわいでいますが、鎮守の森がこれら野鳥に生息場所を提供し、その一方で、野鳥が森林の更新に大きく手を貸しているのです。

森にはいろいろな植物があり、それを食べるケムシやハムシ、そして落葉を食べる土壌動物、硬い枯木・倒木を腐らしてくれる朽木虫がいますし、キノコもあります。小さな面積でも、そこには自然のしくみがあります。

貴重な自然、あるいはありふれた自然が残る社叢に、氏《うじ》子《こ》だけでなく、地域住民が関心を寄せ、その維持管理を考えるとよいと思います。

（渡辺弘之）

第5章

カミガミを感じよう
神々の顔

薗田　稔 編

1　この森には、どのようなお宮やお寺が鎮まっているか

昔から地域で大切にされてきた森は、必ずといってよいほど地元の人びとが、何か神仏や精霊《せいれい》がやどったり、鎮まったりする森として、みだりによごしたり、荒らしたりせずにまもり伝えてきた森なのです。そこで、ここでは「どんな神仏や精霊がどんな形でまつられているか」についてしらべてみましょう。

この森はどのような名前でよばれ、どんなお宮、あるいはお寺、その他お参りするものがあるのでしょうか。また、どのような神さま、仏さまがまつられているのでしょうか。そして、どのようなお祭りが行われているのでしょうか。ここでは、そうしたことをしらべてみましょう。

〈フィールドワーク〉必要な持ち物は、カメラ、ノート、筆記用具などです。

森のなかに入っていく前に、森の周囲をぐるりと散歩してみましょう。散歩している人や、農作業をしている人、掃き掃除をしている人など、誰か森の近くに住む人に出会うでしょう。そのとき聞いてみてください。

図1−1　秩父神社の正面（埼玉県秩父市）

図1−2　秩父神社社叢の俯瞰（ふかん）全景

●「この森をなんとよんでいますか?」

すると「普通はお宮の森とよんでいるよ」と答えてくれるかもしれません。何人かに聞いてみると、「昔は、〈ははその森〉とかいってたな」とか「みくまりの森とか聞いたことがある」というような古いよび名がわかるかもしれません。

散歩しているうちに、小さな祠《ほこら》や巨石、石塔《せきとう》、鳥居《とりい》、井戸、泉、塚などをみつけることができるでしょう。まず写真を撮り、説明板などがあれば、その説明をノートに書いておきましょう。後で、地図上に位置がたしかめられるよう、ノートに略図を書いて、その位置がわかるようにしておくとよいでしょう。

いよいよ森のなかに入って行きます。森のなかには何がありますか。お宮ですか? お寺ですか? お宮なら、たいてい「鳥居」があります。初詣《はつもうで》などでお宮に行っても、じっくりと鳥居を見ることはほとんどないか

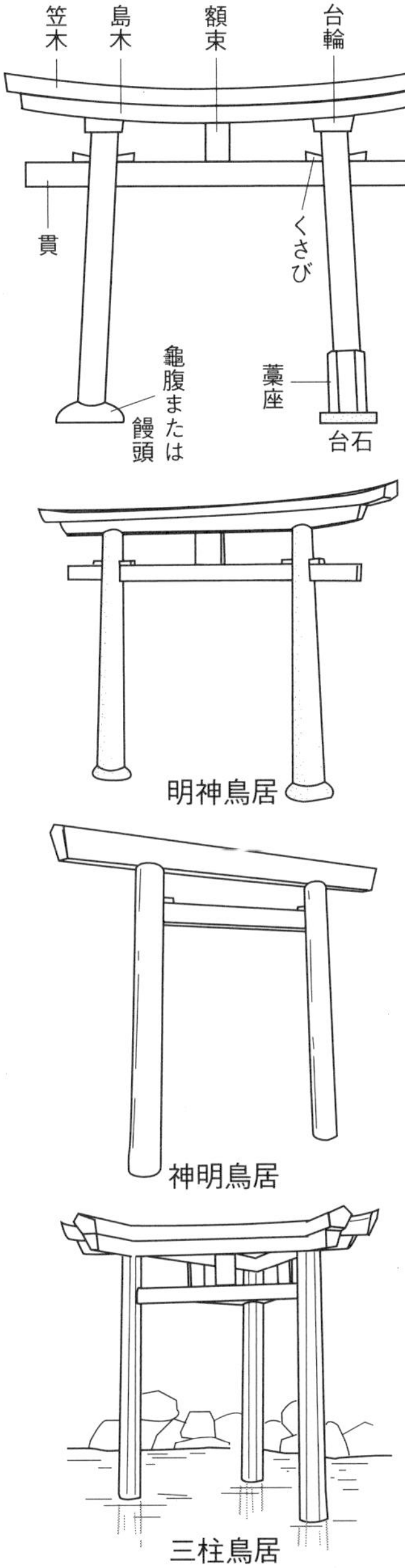

図1−3　鳥居のおもな形態と部分名称

とおもいます。鳥居は参道の入口や社殿の前などにもうけられています。この機会にぜひ鳥居をしらべてみましょう。

ひとくちに「鳥居」といいますが、その形はたくさんあります。素材も、石・木・金属などさまざまです。色は、素材そのままの色であったり、鮮やかな朱色にぬられていたりする場合もあります。

また、鳥居の上部中央（額束《がくづか》）には額がかかっていることがあります。お宮の名前やまつられている神さまの名前が書かれていることが多いようです。さらに、その文字を書いた人が歴史上の偉人ということもあります。

鳥居の二本の柱には、鳥居を建てた理由や、協力した人の名前、建てられた年月日などが書かれていることもありますので、柱をぐるりとまわってみましょう。

ところで実は、鳥居は謎が多い建造物です。その起源や「鳥居」という言葉のはじまりは、いろいろな説があります。たとえば、中国にある「花表《かひょう》」という宮殿やお墓の前にある柱や、同じく中国にある「牌楼《はいろう》」という屋根付きの門、また古代インドの「トラーナ」とよばれる門など、外国に鳥居のはじまりを求めるものがあります。また、日本独自の説としては、鳥を神さまへの供え物として宿らせるために作った止まり木だという説や、「通り入る」という言葉が変化していったものという説などがあります。しかし、どれも決定的なものとはいえないのです。

さて、一五三ページの鳥居の図には、見なれない形のものがあったかとおもいます。そのなかでも特に、三柱鳥居は目を引いたのではないでしょうか。この鳥居は京都市右京区太秦《うずまさ》にある木嶋坐《このしまにます》天照《あまてる》御《み》魂《たま》神社《じんじゃ》、通称

「蚕の社《かいこやしろ》」にあるものです。これはお宮の脇にある池のなかにたてられています。

また、鳥居といえば神社をしめす地図記号「⛩」からわかるとおり、お宮のシンボルですが、まれにお寺にも鳥居があります。大阪市天王寺区の四天王寺《してんのうじ》には、境内の西側に石の鳥居があるのです。お能の演目にも登場する歴史ある鳥居です。

では、もう一度鳥居をよく見てみましょう。笠木《かさぎ》や貫《ぬき》の上に小石がのっていませんか。お宮によっては、鳥居の上に小石を投げあげて、それがうまくのると願いがかなうというならわしがあります。また、栃木県日光《にっこう》の滝尾《たきのお》神社の鳥居には額束に丸い穴があいているのですが、そこに小石を投げいれ、通りぬければ願いがかなうとされています。

「鳥居を越す」「鳥居の数がかさなる」という言葉があります。これはどちらも同じ意味で、狐が何度も鳥居を飛びこしたり、お稲荷さんのお社の鳥居をくぐったりすれば、ケモノでもやがて神さまであるお稲荷さんになれるという言い伝えから、人が「経験をつみ、年をかさね、ずる賢くなる」ことを意味して使われています。このことからもわかるように、鳥居を越したりくぐったりすることは、特別な意味をもっているようです。特にお宮に来て最初に見る鳥居は、ここから先は神仏などが鎮《しず》まる領域ということをしめしています。

それでは、鳥居をくぐって森のなかへ入ることにしましょう。

まず門などの脇にある清水をたたえた手水舎《てみずしゃ》で手を洗い口をすすぎましょう。そして、正面の建物の前にすすみ、お宮なら二拝二拍手、お寺なら手を合わせてお参りをします。振りかえって、お宮なら社殿《しゃでん》、お寺なら本堂の正面・横・後ろ側の写真を何枚かとります。面白い彫刻や奉納《ほうのう》された絵馬《えま》や額などに注意しましょう。

図1－4　秩父神社の手水舎

図1－5　秩父神社社殿正面

図1－6　秩父神社本殿軒下の「つなぎの龍」

ついでにあたりを一回りしてどのような建物がほかにあるか、何か変わったものがないかノートに書きとめておきましょう。そして、お宮なら社務所《しゃむしょ》、お寺なら寺務所《じむしょ》などの職員がいる所に行き、お参りの目的が社叢調べであることをつたえます。忙しい時期でなければ、神職《しんしょく》さんやお坊さんも気持ちよく教えてくれます。

まず、森の名まえを聞いてみましょう。

●「この森は何とよばれていますか?」

つぎに森のなかにある、お宮・お寺の正式な名まえをたずねましょう。

●「正式には、どのような名まえの神社、またはお寺ですか?（たとえば、宗教法人○○神社、宗教法人○○山○○寺など）

また、お宮には由緒《ゆいしょ》・歴史・規模などによって、明治以降に格付けである「社格《しゃかく》」が決められていました。戦前（昭和二十年）までは、全国の神社を大きく「官社《かんしゃ》」と「諸社《しょしゃ》」に分け、

○官社…官幣社《かんぺいしゃ》・国幣社《こくへいしゃ》（国家が管理）

○諸社…府県社《ふけんしゃ》・郷社《ごうしゃ》・村社《そんしゃ》・および大半の無格社（地方の自治体が認定・管理）

という神社制度があったのです。

そこで、「その〈社格〉が何であったか（現在は廃止されているので「旧社格《きゅうしゃかく》」という）」を聞いてみると、たいていはお宮の由緒や規模がわかります。

たとえば、一般に「境内地《けいだいち》」といわれる神社の敷地について戦前は一定の制限がありました。官《かん》・国幣社《こくへいしゃ》は五千坪《つぼ》（一万六五〇〇平方メートル）、府県社は千五百坪（約五〇〇〇平方メートル）、郷社は千坪（三三〇〇平方メートル）、村社は七百坪（約二三〇〇平方メートル）という基準がありました。もちろん最低基準ですから、実際はそれ以上の森をふくむ境内地をもつ神社も多いのですが、当時はこの社格にしたがって国や地方自治体がそれぞれ神社のお祭りにかかわっていたのです。

なお「官社」を区別する「官幣」「国幣」というよび名は、お祭りにさいして神前に供える「幣帛《へいはく》」という名の神さまへの捧《ささ》げ物の費用「幣帛料《りょう》」が、皇室から出される神社を「官幣社」、国から出す神社を「国幣社」と決めたものです。

その名まえの由来は、遠く平安時代（十世紀前半）の法典である『延喜式《えんぎしき》』に記された全国二八六二の神社のうち、当時の皇室のお祭りを担当する役所である「神祇官《じんぎかん》」から「幣帛」を供えるのを「官幣社」といい、

各地の国司《こくし》（知事）という地方の役人が幣帛を供えるのを「国幣社」としたことにならったものでした。

この「延喜式神名帳《じんみょうちょう》」というリストに記されている神社は、いまでも「延喜式内社《えんぎしきないしゃ》」とか「式内社」と名乗ってその古い由緒をほこる旧社格のひとつになっています。明治以来の「官・国幣社」に認定されるのには、この「延喜式内社」であることがそのおもな条件でしたが、なかには長い歴史のあいだにおとろえてしまったり、どこなのか場所がわからなくなってしまったりという「式内社」も多く、戦前までの「官・国幣社」は海外の数社を含めても二一八社ほどでした。

ちなみに昭和二十年（一九四五）の終戦当時には、全国で府県社が一一四八社、郷社が三六三三社、村社が四万四九三四社、無格社が五万九九九七社という数にのぼっていました。

戦後の昭和二十一年二月、神社は国家の管理をはなれて、ほかの寺院や教会と同じ宗教法人として再出発しました。そのさい、それらの包括団体《ほうかつだんたい》として東京に設立された「神社本庁《じんじゃほんちょう》」には、全国で八万七二一八社が法人として参加したのです。また、例外的に単独で法人になったり別の包括団体に属したりした少数の神社もあります。しかし、そのほかの旧無格社など小規模な神社のなかには宗教法人の登録をしないまま残っているお宮も地方ではかなり多いのです。

その後、法人格のある神社は減って、平成十三年版の『宗教年鑑』（文化庁編）によると全部で八万一三一七社となっていますが、そのうち大部分の七万九一二八社が「神社本庁」に所属しています。

現在は戦前の社格制度が廃止されて、それにかわる格付けがあるわけではありませんが、「神社本庁」では傘下《さんか》の神社のうち全国の有力神社三四九社（平成十四年度現在）を特に別表《べっぴょう》に掲げる神社として「別表神社《べっぴょうじんじゃ》」

としており、これなどは旧社格の「官社」に当たる新しい格付けといえるでしょう。そのほか地方では県内神社に独自の社格制度をもうけて、たとえば「金幣社《きんぺいしゃ》」「銀幣社《ぎんぺい》」「白幣社《はくへい》」などの待遇の差をつけているところもあります。

以上のことをふまえて、次のような質問をしてみましょう。

●「このお宮の古い社格や戦前の社格はどうでしたか？」

●「（別表神社とか）今のお宮に何か格付けがあれば教えてください」

お寺については、天台宗《てんだい》や真言宗《しんごん》、浄土宗《じょうど》や浄土真宗《しん》、曹洞宗《そうとう》や臨済宗《りんざい》、日蓮宗《にちれん》などといった「宗派《しゅうは》」があり、さらに複雑な分派にわかれていて、その「本山」に対する「末寺《まつじ》」というつながりで所属している例がほとんどですし、また「宗旨替《しゅうしが》え」といって所属する宗派がかわることがあります。

●「このお寺の宗派と、いままでに宗旨替えがあったら教えてください」

●「どこの本山に属していますか？　本寺と末寺の関係を教えてください」

さらに、そこのお宮がどういう系統のお宮なのかをしらべてみる必要があります。なぜなら、その系統によってお宮がそこに鎮座した理由や土地の歴史を知ることができるからです。「どういう系統か」を知るということは、「どこの分社《ぶんしゃ》か」ということをしらべることになります。

自分の信心する神社（本社）から、そのご祭神の「分霊《わけみたま》（神仏は、その神霊をいくつにも分けて、人びとに授けることができるとされる）」をいただいて、自分と縁のある、本社とは別の土地に鎮めることを「勧請《かんじょう》」といいます。その勧請した神社が「分社」というわけです。さらに、またその「分社」から勧請する例も多いようです。つまり、神仏は、人々が信心し、その「恵み」を求めるかぎり、ほかの土地へどんどん分霊して「恵み」をさずけていきます。しかも、それら「分霊」は、もとの神仏と同じ霊力を持っているのです。たとえば、八坂《やさか》神社や須賀《すが》神社であれば、京都・祇園《ぎおん》の八坂神社か愛知県の津島《つしま》神社の「分社」ですから、たいていは中世以降に疫病《えきびょう》のはやるのを防ぐ祇園祭《ぎおんまつり》や天王祭《てんのうさい》がおこなわれたからでしょう。また春日《かすが》神社や日枝《ひえ》（日吉《ひよし》）神社であれば、古代から中世に藤原氏一族や興福寺《こうふくじ》、比叡山《ひえいざん》、高野山《こうやさん》など有力寺社の管理していた、各地に分布する荘園《しょうえん》領地《りょうち》に祀られたお宮であるなど。

八幡宮をはじめ厳島《いつくしま》、住吉《すみよし》、諏訪《すわ》、稲荷《いなり》など全国に分布する神社の場合には、それぞれ共通する由緒によって「鎮座した由来」や「土地の歴史」を知る手がかりにもなるので、

●お宮なら、「どういう由緒の神社ですか？　近くの神社と何か関係がありますか？」

●お寺なら、「どういう縁起の寺院ですか？　近くの寺院と何か関係がありますか？」

と質問してみましょう。

次に、どのようなお祭りが行われているのか聞いておく必要があります。お祭りには、年間を通じてもっとも大切な「例大祭《れいたいさい》」があります。このお祭りが、お宮の創建《そうけん》や祭神《さいじん》の鎮座《ちんざ》した神話伝承などにかかわる大きな意味をもつのです。そして、ほかに年中の祭りには二月の祈年祭《きねんさい》（その年の稲の豊作を祈るお祭り）と十一月の新嘗祭《にいなめさい》（稲が実ったことを感謝するお祭り）をはじめ、小さな祭りや特殊な神事があります。

●「例大祭の日時と祭りの行事内容を教えてください」

●「祭りはどのように行われますか？　その特徴は？」

●「祭りはいつ頃はじまり、どのように変化してきましたか?」
●「例大祭以外の年中の祭りには、どのようなものがありますか?」

お寺の場合には、お盆《ぼん》やお彼岸《ひがん》の行事のほかに修正会《しゅしょうえ》や修二会《しゅにえ》などといった法会《ほうえ》や、ご本尊《ほんぞん》の縁日やご開帳《かいちょう》などが年間にあり、そのほか特別な霊験《れいけん》を願うご祈祷《きとう》などに、檀家《だんか》や信心する人びとが参加します。

お宮の場合にも、お正月の初詣《もう》でや例大祭などにたくさんの参拝者がありますが、普段の時も赤ちゃんの初宮《はつみや》詣でとか、七五三詣で、成人式とか厄年《やくどし》祈願、年祝いなど、地元の氏子《うじこ》や崇敬者《すうけいしゃ》たちがお参りします。また特別なご神徳《しんとく》があって、「子育て安産」「入試合格」「商売繁盛」などをお願いしたり、ご神札《しんさつ》(おふだ)や絵馬などを授与したりしています。

●「このお宮、ご祭神にはどのようなご神徳やご利益がありますか?」
●「このお寺、ご本尊にはどのような霊験やご利益がありますか?」

ここまでの聞き取りを終えたなら、今度は建物について聞いてみましょう。

お宮なら代表的な「社殿様式《しゃでんようしき》」があります(図1−8)。伊勢神宮《いせじんぐう》をまねた「神明造《しんめいづく》り」、奈良の春日大社にならった「春日造り」、出雲大社《いずもたいしゃ》のような「大社造《たいしゃ》り」、日光東照宮《とうしょうぐう》に代表される「権現《ごんげん》造り」、あるいは一般的な「流れ造り」などがあって、その様式からお宮の系統や歴史を知る手がかりにもなります。お宮の本殿(神

図1−7　秩父神社の秩父夜祭り

殿）やお寺の本堂の「建築様式」や内部の構造・配置がわかれば、ノートにおおまかな略図を書いておくと後で役に立ちます。写真をとらせていただけるなら、許しを得て撮影しておきましょう。

●「本殿の様式、あるいは本堂の形式や規模はどのようなものですか？」

●「ご神体やご本尊が、どのようにおさめられていますか？」

●「本殿あるいは本堂内部の祭具《さいぐ》・仏具《ぶつぐ》（お祭り・お勤めなどに使う道具）の配置はどのようになっていますか？」

さきほど森の内外を一回りした時に、気がついた建物や施設、記念碑などについてたずねてみましょう。

●「お宮やお寺の境内や周辺には、本殿や本堂のほかにどんな建物や施設がありますか？」

●「森にまつわる伝説や、不思議なお話が何かありますか？」

お話を聞き終わったなら、「ありがとうございました」とはっきりお礼をのべて失礼しましょう。その後で、改めて森のなかや境内に何があるか、さきほど聞いた話を参考にしながら、細かいことまでもらさず、社殿、あるいは本堂や主な建物、記念碑、石塔などの位置をノートに書き込んで、自分なりの境内図を作ってみましょう。

〈デスクワーク〉持ち物は、ノート、筆記用具、ファイルなど。

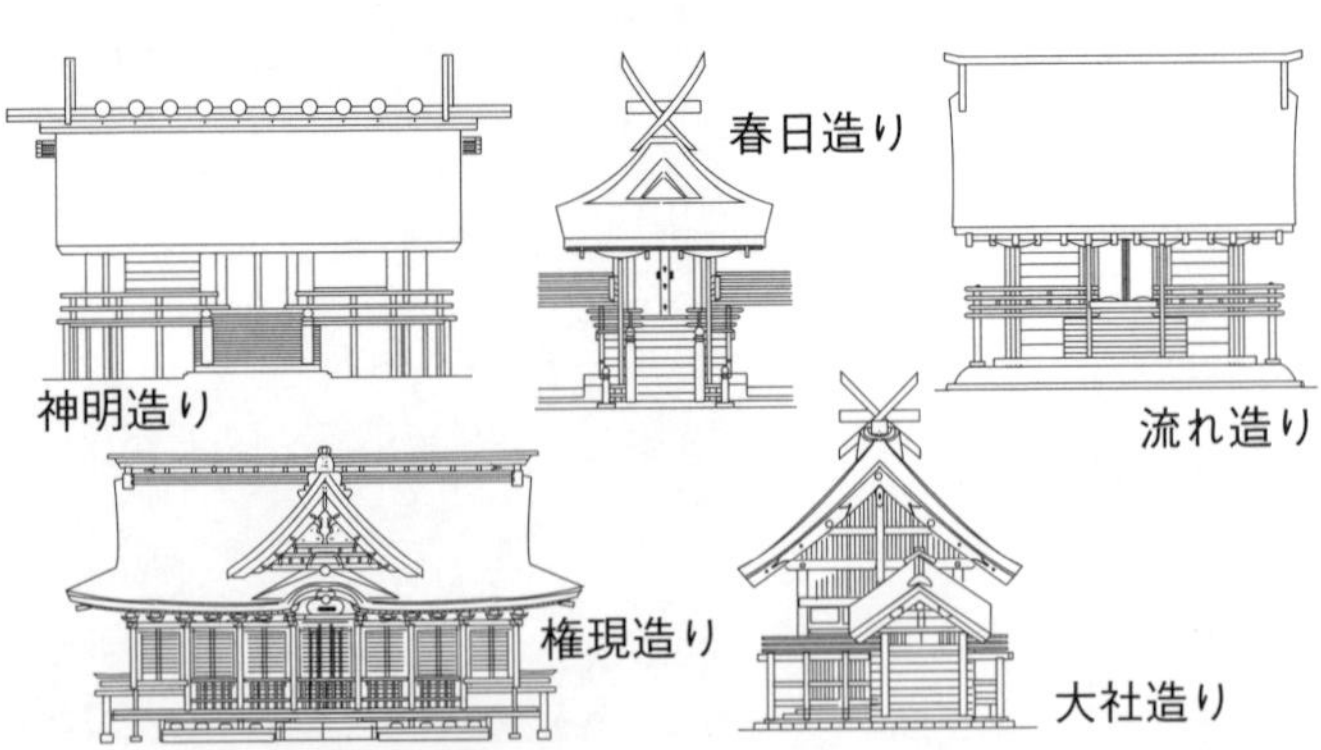

図1－8　おもな社殿様式（正面図）

お宮やお寺での一応のしらべが終わったら、地元の公立図書館に行き、受付にいる図書館の職員さんに次のことを相談しましょう。どんな本を見ればよいかを教えてくれるでしょう。

○この森にお宮やお寺が創建された歴史や由来（由緒・縁起《えんぎ》という）を調べる。お宮やお寺で見せていただいた保管文書《ほかんもんじょ》や金石碑文《きんせきひぶん》（鐘《かね》や石碑などに掘られた文章など・その写し）、由緒書きや縁起などのほかに、社寺誌、郷土誌、研究書や論文などを読んで、この森に鎮座した由来や歴史をくわしく理解する。

○このお宮やお寺の信仰や「年中行事《ねんちゅうぎょうじ》」がどうなっているか。地域の人びとや社会組織とのかかわりで年間の神事や法事の種類や規模、またその移り変わりと現状などをしらべる。

図書館のほかに役場や市役所にある「社会教育課」などをたずねて、市町村誌や調査報告書により、鎮守の森、神社や寺院の歴史・由緒・縁起・史料など、また旧社格、神位神階《しんいしんかい》（古代から中世に朝廷から授けられた神社の等級）、本山末寺の関係、宗教法人かそうでないかなども確認しましょう。郷土研究雑誌などには、この森の伝承や伝説、祭りの具体的な調査研究や報告がのっている場合があるので、それらを参考にするとよいでしょう。

（西方小百合・茂木栄・薗田稔）

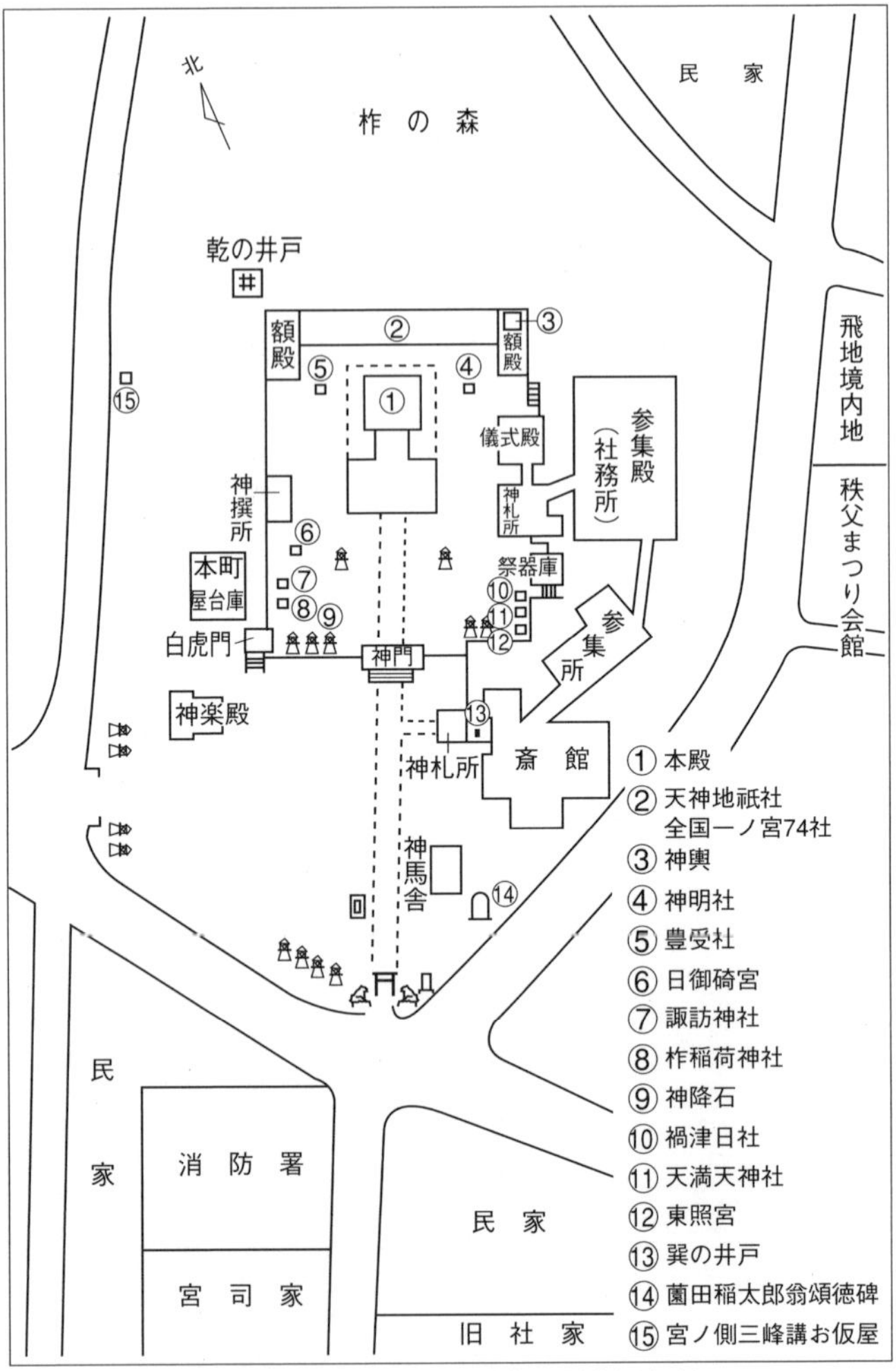

図1－9　秩父神社の境内図　いろいろな建物や石塔などがある。

この森には、主にどんな神さま・仏さまがまつられているか

2

(1) ご祭神とご本尊

お宮やお寺には、必ず神さまや仏さまがまつられています。

お宮でまつられている神さまは「ご祭神」といい、お寺でまつられている仏さまは「ご本尊」といいます。ご祭神やご本尊には、私たち人間と同じように、かならず名前があります。そして、どの神さま・仏さまにも、「なぜそのお宮やお寺にまつられているのか」という歴史や物語があります。それを、「由緒《ゆいしょ》」または「縁起《えんぎ》」とよびます。それは、私たちの誰でもが、どこで産まれ、どこで育ち、どのようにして今ここにいるのか、という自分なりの歴史を持っているのと同じです。ですから、まずはじめに、「ご祭神」「ご本尊」の名前と由緒をしらべてみましょう。

(2) 仲よく同居する神・仏さまたち

ところで、お宮やお寺では、おなじ建物のなかに複数の神さま・仏さまがまつられていることがよくあります。神社の場合は、そのなかでも中心となる神さまを「主祭神《しゅさいじん》」、それ以外でおなじ社殿にまつられている神さまを「相殿神《あいどのしん》」とよびます。「相殿神」としてまつられている神さまは、「主祭神」となんらかの関係をもつ

神さまです。その理由は、大きく分けて二つあります。

ア　『古事記《こじき》』や『日本書紀《にほんしょき》』などの古典にのる神話・物語にもとづいてまつられている場合。

イ　神話・物語とは無関係に、そのお宮の歴史に関連してまつられる場合。

アの神話にもとづく場合には、主祭神の家族（夫婦、親子、兄弟）であったり、主祭神の手だすけをしたとされる神さまであったりします。「主祭神」と縁《えん》があるので一緒にまつられているという例がほとんどです。

ところが、おなじ「相殿神」でも、イのように、お宮の歴史にかかわってまつられている場合は少しちがいます。複数のお宮を一ヶ所の神社にまとめた時に、もともとの神さまを「主祭神」、あとからまつられた神さまを「相殿神」とすることがあります。また、病気や火災、自然災害など生命や生活をおびやかす出来事へのおそれから、必要に応じて専門的な力を持った神さまを呼んできて、「相殿神」としてまつる場合もあります。「主祭神」だけでは力不足なことも、時にはあるのです。その場合、よばれてきた神さまは、お客さんの神さまという意味で「客人神《まろうどがみ》」とよばれることもあります。このようにイの場合では、はっきりとした目的があってまつられているので、「相殿神」の由緒をしらべてみれば、きっと、お宮とそれをまつる地域社会の歴史が浮かび上がってくるでしょう。

また、これら二つの場合以外にも、「主祭神」の手足となって働いてくれる神さま、たとえばその御子神《みこがみ》であったり、そのお使いや家来のような神さまがまつられることもあります。このような例は、とても少ないかとおもいますが、念のためしらべてみましょう。

お寺の場合には、複数まつられている内の中心的な仏さまだけを「ご本尊《ほんぞん》」とよびます。そのご本尊の左右にまつられている仏さまのことを「脇侍仏《わきじぶつ》」とよびます。「脇侍仏」は、「ご本尊」をたすけるためにまつられている仏さまです。たとえば、「ご本尊」が阿弥陀如来《あみだにょらい》であれば「脇侍仏」は観音菩薩《かんのんぼさつ》と勢至《せいし》菩薩、「ご本尊」が薬師《やくし》如来であれば「脇侍仏」は日光《にっこう》菩薩と月光《がっこう》菩薩など、「ご本尊」と「脇侍仏」との組みあわせが決まっていることもよくあります。その場合には、「ご本尊」の名前によって、阿弥陀三尊《さんぞん》、薬師三尊、釈迦《しゃか》三尊などとよばれるのです。

「脇侍仏」のほかにも、「ご本尊」をかこんで一般に「護法神《ごほうしん》」という、仏教を守るインドや中国から伝わった神々もいます。たとえば、薬師如来を守る十二人の護衛である十二神将《じゅうにしんしょう》や、閻魔《えんま》大王の手下として働く十人の地獄の役人である十王《じゅうおう》のような、ご本尊の教え

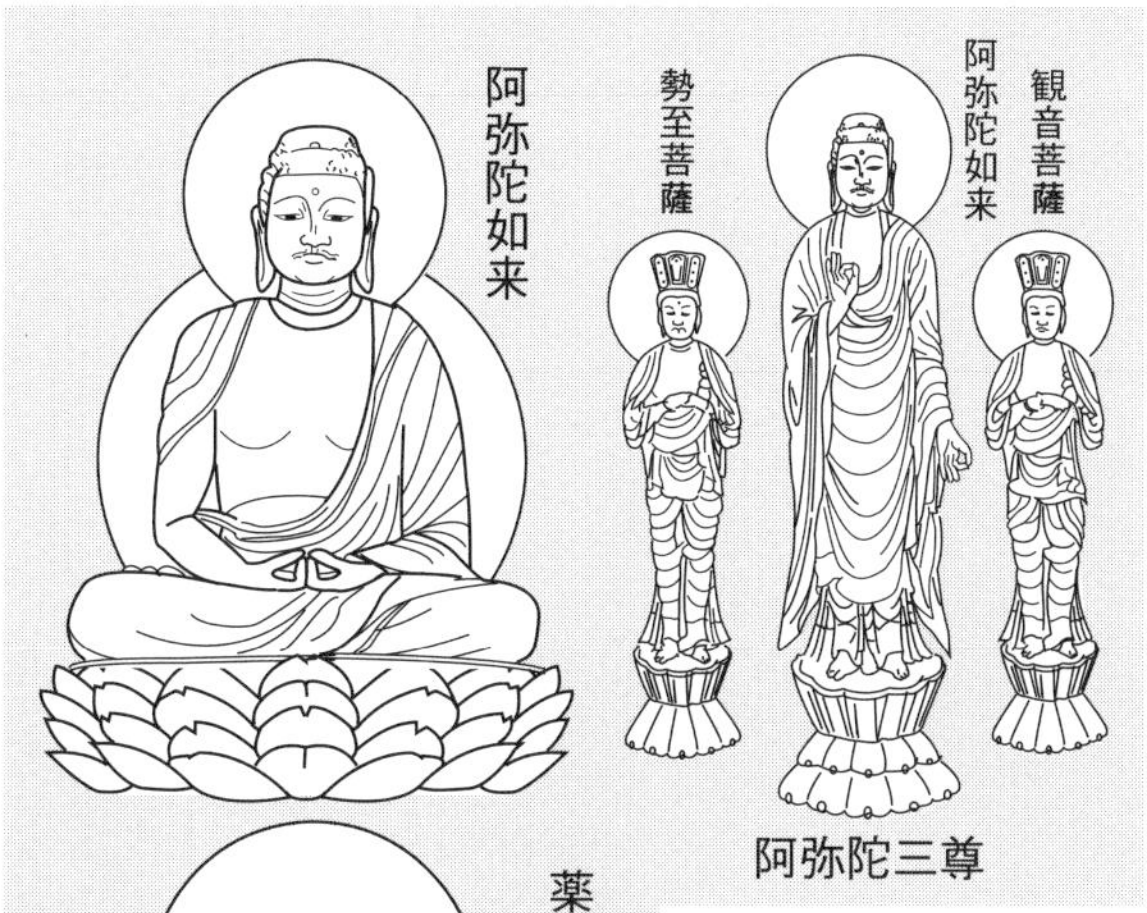

図2－1　仏像の形

やはたらきをまもり助ける神々もいるのです。

また、お寺全体を守護する地主《じしゅ》の神さまもいて、この神を一般には「鎮守」、お寺によっては「山王《さんのう》」などとよんできました。「えっ？　お寺に神さま」と思うかもしれませんが、神々が仏さまをまもるという形は、インドや中国から始まって、日本でも昔から伝えられた姿なのです。

日本の神さまと仏さまは、明治政府が行った「神仏分離《しんぶつぶんり》」という政策でお宮とお寺とに分かれてしまって、今は別々にまつられています。しかし、江戸時代までは一般に「宮寺《みやでら》」といってお宮とお寺がおなじであったり、お寺の境内に「鎮守」のお宮があったり、逆に神宮とか大社と名乗る大きなお宮の境内やその近くに「神宮寺《じんぐうじ》」とか「別当寺《べっとうじ》」というお寺があって、実際にお宮で仏教の行事をしたり、神主さんと一緒に「社僧《しゃそう》」というお坊さんがお宮に奉仕したりしていたのです。

こうした神仏の関係を「神仏習合《しんぶつしゅうごう》」といい、「本地垂迹《ほんちすいじゃく》」といって、「日本の神々は仏さまの仮の姿なのだ」という考え方がありました。しかし近代は「日本本来の姿・考えに立ち返ろう」という世の中のうごきから、「日本古来の神々を仏教伝来以前の姿にもどす」ということで、おもにお宮と寺との関係を切ったり、分離したりした結果、今ではお寺とお宮とが別のものとなったのです。

しかし実際は、宗派によってはお寺に「護法神」「鎮守神」がまつられている例もあります。お宮の場合も、その歴史や由緒に、「お寺」「仏さま」との深い関係があって、そのなごりをつよく残している例も多いのです。ですから、お宮を調べるにもお寺をしらべるにも、そうした近くのお寺やお宮との関係も見落とさないようにしたいものです。

ところで、お寺の場合、神社とちがって、どの経典《きょうてん》や教えを信じるかによってさまざまな宗派に分かれており、たとえば戦前（昭和二十年以前）では公式に十三宗五十六派でしたが、平成十二年末現在では百五十七派となっています。十三宗は、その成立順にいうと法相宗《ほっそうしゅう》・華厳《けごん》宗・律《りつ》宗・天台宗・真言宗・融通念仏《ゆうづうねんぶつ》宗・浄土宗・臨済宗・浄土真宗・曹洞宗・日蓮宗・時《じ》宗・黄檗《おうばく》宗となりますが、それぞれに分派があり、こまかい「本山―末寺」の関係があるのです。ちなみに平成十三年版『宗教年鑑』（文化庁編）によると、全国のお寺は総数七万七一二八ヵ寺にのぼります。またそれぞれの宗派には、かならずその宗派を開いた「開祖《かいそ》」とか「宗祖《しゅうそ》」とよばれるお坊さんがいて、各地のお寺では、仏さまと同じように大事にされ、それらをご本尊といっしょにまつっていることがよくあります。

あなたが行ったお寺にも、天台宗であれば伝教大師最澄《でんきょうだいしさいちょう》、真言宗であれば弘法大師空海《こうぼうだいしくうかい》、浄土宗なら法然《ほうねん》上人《しょうにん》、浄土真宗であれば親鸞上人《しんらんしょうにん》、日蓮宗なら日蓮上人、臨済宗なら栄西禅師《えいさいぜんじ》、曹洞宗なら道元禅師《どうげんぜんじ》などが、木の像や肖像画としてまつられているかもしれません。また場合によっては、そのお寺をたてたお坊さんを「開山《かいざん》」とか「開基《かいき》」として、やはり大切にまつっていることもあります。これらのことがらは、お寺の歴史にも深くかかわるので、「開祖」「宗祖」や「開山上人《かいざんしょうにん》」がまつられていないかどうかもしらべてみましょう。

(3) 神さま・仏さまの姿かたち

神さま・仏さまの名まえや由緒がわかったら、次に、どのような姿かたちなのかもしらべてみましょう。

仏さまの場合には、仏像やその姿をえがいた掛け軸などがあります。そして、そのお姿は、「手の置き方や指のかたち」「持ち物」「足の組み方」「ゾウやクジャクなどの動物や乗り物に乗っているかどうか」などによって、どの仏さまかがわかるようになっています。ただ掛け軸などの場合、そのお姿をえがく代わりに「南無《なむ》阿弥陀仏《あみだぶつ》」（浄土真宗）、「南無妙法蓮華経《なむみょうほうれんげきょう》」（日蓮宗）のように、文字だけが書かれていることもあります。

ところで、お寺によっては「御本尊」が厨子《ずし》（仏さま・宝物などを収める仏壇風の収納箱）などにおさめられていて、普段は見えない場所にまつられている場合があります。この場合、目に見えるところにまつられている仏像が、実はご本尊の正確なコピーであることもあります。これを「前立ち仏《まえだちぶつ》」または「お前立ち」といいます。ご本尊の姿をしらべるときには、本堂のなかをよく観察して、「お前立ち」があるかどうか、よく確かめてみましょう。

また、こうして普段は見ることのできないご本尊の仏像を、一年に一度、または何年かに一度だけ「内陣（お宮やお寺の一番奥の場所）」や厨子をひらいて、直接見られるようにする行事が行われることがあります。これを一般に「御開帳《ごかいちょう》」とよびますが、それについては、次のことをしらべておきましょう。

●「御開帳」は、どこで・いつ・どのような名まえで行われるか。
●その由緒について、なぜその場所・その時期に行われるのか。

神さまの場合には、仏さまとちがい、そのお姿を形にした「神像《しんぞう》」や掛け軸などの絵像を本殿にまつって、普段から見られるようにしているお宮はありません。日本の神さまは、インドや中国の神々とちがって「目にみえる姿を持たないもの」と信じられてきて、その代わりに何か「特別（清浄）な物」にやどることでその存在をしめすのです。

それを正式には「御霊代《みたましろ》」や「依代《よりしろ》」といい、一般には「ご神体《しんたい》」といいますが、それがたとえ「神像」であっても、本殿の「内陣」深く人の目にふれない所におさめられていて、普段はとじた扉の前に「御幣《ごへい》（図2−1）」や「丸鏡《まるかがみ》」があるだけなのが基本です。もちろん「御開帳」のようなこともなく、お宮に奉仕する神主さんさえもご神体が何かをくわしくは知らないか、すくなくとも公開しないのが原則です。お祭りで、ご祭神を本殿の外におむかえする場合でも、神さまの霊が「御幣」とかサカキなどの「依代」にやどるという形であって、たとえお祭りの主役が特別なあつかいをうける稚児《ちご》や若者などの人間であっても、それは神霊がそのお祭りの時だけやどる「依代」や「依坐《よりまし》」なのです。

ところで、実際の神話や信仰伝承では、神々が神秘的な動物の姿になって登場することも多く、そのため、お宮の「ご祭神」なのか、その「おつかい（ご眷属《けんぞく》）」

図2−2　日吉大社西本宮本殿前景（滋賀県大津市）

なのか区別しにくい場合もあります。神さま自体が蛇や竜であることもあります。一方、ご祭神の「おつかい」「ご眷属」がオオカミやヤマイヌ、キツネ、サル、シカ、カラスなどで、神さま同様にあつかわれることもよくあることです。しかも、そうした動物はそのお宮やお寺が鎮座する森や山などに住む生きもので、その創建の由緒や縁起に深くかかわることが多いので、社叢をしらべるのにも大切なテーマになります。

(4) 神仏と私たちとのかかわり

神さま・仏さまの名前と姿かたちをしらべ終えたら、最後に、神仏と私たちとのあいだにどのような関係があるのかをしらべてみましょう。

まずは、神さま・仏さまの力と関係の深いものに注目してみます。お宮やお寺には、神仏と関係があるとして大切にされている物があるかもしれません。

それは、注連縄《しめなわ》が張られていたり、垣根にかこわれていたりして比較的目につくところにあるので、見落とさないように気をつけて、次のことをしらべましょう。

- 「神さまや仏さまと関係があるといわれているものは、何かありませんか?」
- 「それは何というもので、どんな形をしていますか?」
- 「それは、神さまや仏さまとどんな関係がありますか?」
- 「それは、いつ頃(何年ごろ)に作られたものですか?」
- 「それは、お祭りや行事のなかで使われますか?」

●「使われるとしたら、どのお祭りや行事で使われるのですか?」
●「なぜ、そのお祭りや行事で使われるのですか?」
●「そのとき、どのように使われますか?」
●「そのとき、誰があつかうことになっていますか?」
●「なぜ、その人があつかうことになっているのですか?」

次に、「神仏へのささげ物がないかどうか」を観察します。

本殿や本堂の建物とその周辺をよく見ると、「奉納《ほうのう》」と書かれた品物があるかもしれません。もしあったら、次のことをしらべましょう。

●「何が奉納されていますか?」
●「それは、いつ頃(年月日)奉納された物ですか?」
●「どの神さま・仏さまに対して奉納されたのですか?」
●「神さま・仏さまと奉納された物とのあいだには、特

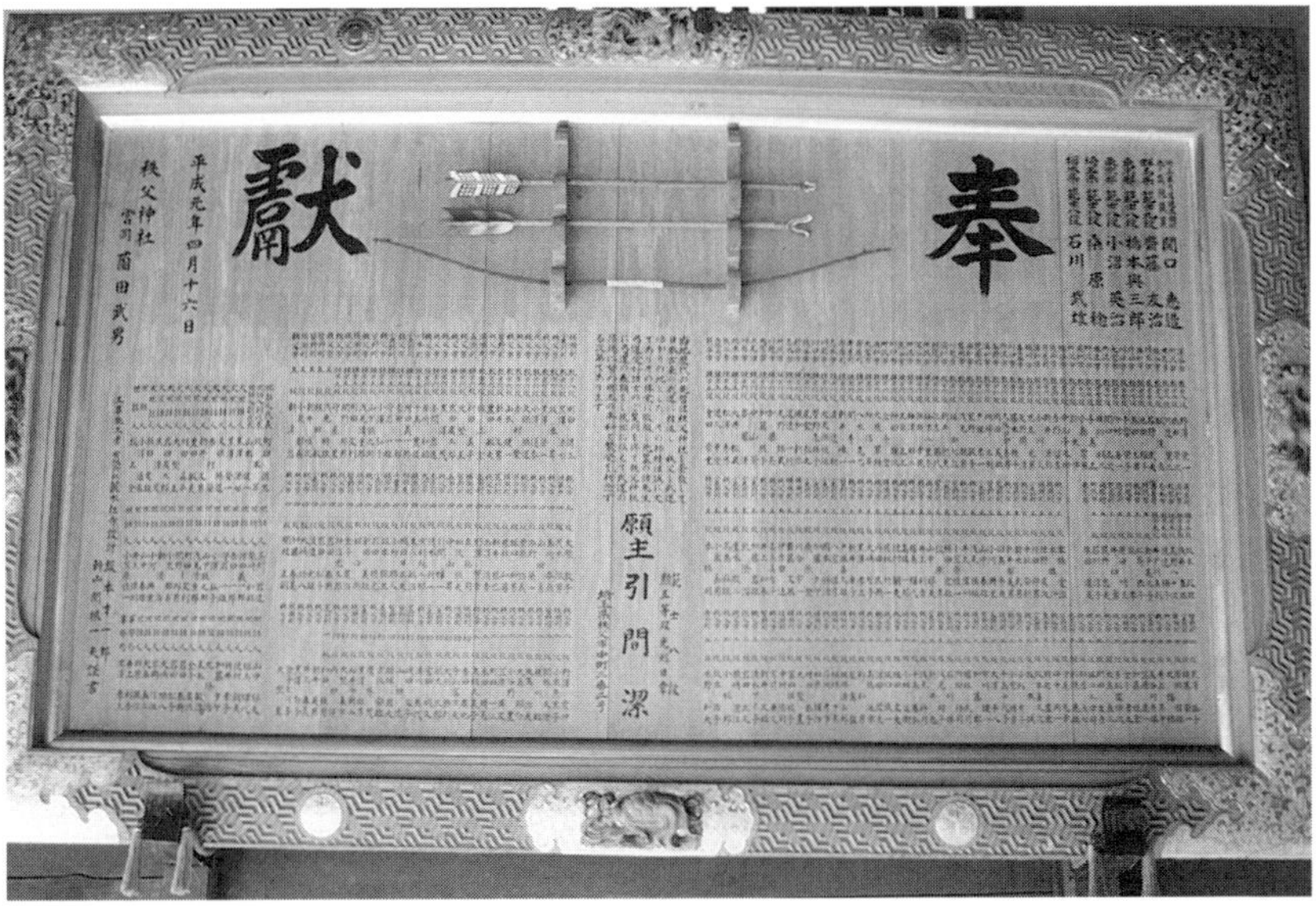

図2-3　奉納「絵馬」額の例(埼玉県秩父市・秩父神社)

別な理由・関係がありますか?」

●「どのような人が、どんな時に奉納するのですか?」

●「奉納する時に、かならずしなければならないことがありますか?」

●「それを奉納することで、どのような願いごとがかなうのですか?」

●「願いごとがかなった時には、どのようなお礼をしていますか?」

今度は、奉納するのとは逆に、お宮やお寺から私たちにくばられる品「授与品《じゅよひん》」についてしらべてみましょう。

●「どのようなお札やお守り(神符守札《しんぷしゅさつ》)や授与品がありますか?」

●「そのお宮・お寺ならではの、独特なお守りや授与品がありますか?」

●「どんな理由で、そのお宮・お寺に独特なお守りや授与品があるのですか?」

●「それには、どんな霊験《れいげん》やご利益《りやく》があるのですか?」

●「それは、家に持ち帰ってから、どのようにあつかわれるのですか?」

●「それは、一年中いつでもいただけるものですか?」

●「特別な日だけだとしたら、それはいつで、なぜその日でしかないのですか?」

最後に、品物ではなく、人びとの行動についてもしらべておきましょう。

●「お参りするときに、必ずしなくてはならないことはありますか?」

●「お参りの仕方には、特別な決まりがありますか?」

●「そのお宮やお寺へのお参りで、特に多いお願いごとはありますか?」
●「お願いごとをするとき、特にしなければならないことがありますか?」
●「その神さま・仏さまとの関係で、特にしてはいけないこと（禁忌《きんき》）がありますか?」
●「そうした禁忌は、特別の日だけですか、それとも一年中のことですか?」
●「なぜ、そうしたならわしができたと言われていますか?」

神さまや仏さまは、多くの人びとが熱心にまつればまつるほど、大きな威力を発揮してくれるものとされてきました。そのため、昔から人びとは、お宮やお寺にいろいろな宝物《ほうもつ》を寄付したり、お金や農作物を奉納して、心からの祈りや感謝の気持ちをささげてきたのです。

そこで、このようなことをしらべることによって、人びとがそのお宮やお寺をどのように大切にし、その神さま仏さまにどんな信心をよせ、どんなご神徳《しんとく》やご利益を期待してきたかがわかってくるのです。また、そのお宮やお寺が、人びとの生活のなかでどのような意味をもってきたのかを知ることもできるのです。そうなれば、今まではちょっと近よりにくかったお宮やお寺も、先祖や私たちの生活と深くつながっている大切な場所として、身近に感じられるのではないでしょうか。

それでは、頑張ってしらべてみてください。

（島田　潔）

森の内外にある「摂末社」や「お堂」「祠」には、どんな神仏がまつられているか

(1) 境内や森のまわりをよく観察してみましょう

お宮の境内には、さまざまな建物があります。二拝二拍手一拝でお参りするご社殿をはじめ、お参り前に手と口を水できよめる手水舎《てみずしゃ》、お守りやおみくじをいただく授与所《じゅよしょ》や社務所、舞台のような形をした神楽殿《かぐらでん》など、お宮によってはさまざまな建物があることでしょう。これらの建物のほかに、境内に小さなお宮の形をした建物がならんでいるのに気が付くでしょう。境内のなかだけでなく、「参道《さんどう》の途中や境内の外にも似たような小さなお宮があった」などという観察のするどい人もいるかもしれません。

これらの小さなお宮は何でしょうか。小さな鳥居やのぼり旗があったり、白いお皿に塩などが入れられていて、ミニチュアの神社のようです。お賽銭箱《さいせんばこ》が置かれていることもあるので、「ここもお参りするのかな？　でも小さなお社がたくさんあって大変そうだからやめておこうかな」と、なやむ人もいるでしょう。でも、この小さなお社は、なぜご本殿に一緒にまつられずに境内にならんでいたり、森の外にぽつんとあるのでしょうか。そもそも何のために、どうしてそうなのでしょうか。

図3−1　秩父神社の摂末社

(2)「摂末社」ということ

この小さなお社は、「摂末社《せつまっしゃ》」とよばれています。この言葉は、実は「摂社《せっしゃ》」と「末社《まっしゃ》」という二つの名前をあわせたものです。今は「摂社」と「末社」のあいだにほとんど区別はありません。「摂社」「末社」といっても「摂末社」といっても意味の違いはないのです。

しかし昭和二十年（一九四五）までの戦前には、「摂社」と「末社」にそれぞれ決まりがあって、別のものでした。明治以降は、「本社祭神のお后神《きさきがみ》、御子神《みこがみ》など由緒ある神」「今の祭神がまつられる以前にその土地に鎮座していた神」「本社の荒魂《あらみたま》＝祭神の気性激しい性格（本社の祭神はおだやかな性格で〈和魂《にぎみたま》〉）」「地主神」そのほか「特別の由緒ある神」などをまつる小社を「摂社」といい、それ以外の小社を「末社」として区別していたのです。

そこで、こうした小さなお社が、戦前は「摂社」だったのか「末社」だったのかを、お宮で発行している由緒書きや郷土誌などでしらべてみるとよいでしょう。

(3)「摂末社」と本殿にはどんな関係があるのでしょう

摂末社にまつられている神さまは、ご本殿の神さまとのあいだに何らかのご縁がある神さまなので、境内の内外にまつられているとかんがえられます。

「神と神との縁」というのは、どういうことでしょうか。

たとえば、ご祭神の奥さんに当たる神さまや、子供に当たる神さまなど、本殿の主祭神にとっての血縁関係のある神、つまり家族がまつられているということがまずあります。また、そのお宮のある土地一帯をしずめる「地主神《じしゅしん》」、つまり人の住まいでいうと大家さんに当たる神さまが「摂末社」にまつられていて、その多くは、今のお宮がたてられるずっと昔から、その森にしずまる「土地神《とちがみ》さま」なのです。

あるいは、明治のおわりころに政府の指導で地域の小社が一つのお宮にあつめられたり、昭和二十年の戦後は、近くの家屋敷や集落の「氏神《うじがみ》さま」を、付近のひとびとの引っ越しや土地開発などで誰もまつらなくなって、仕方なく別のお宮の森や境内にうつされる場合もあるのです。赤い鳥居と狐の飾りやのぼり旗がある「お稲荷《いなり》さん」などは、商売繁盛を願って、土地の人びとがお宮を建てたのかもしれません。

このように、お宮の本殿の神さまとその摂末社の神さまとは、さまざまなご縁をもって土地の人びとにまつられているので、その関係や歴史をいろいろとしらべてみるのもおもしろいでしょう。「摂末社」の名前とご祭神の名前をしらべることからはじめて、それぞれの神話や伝承を本で読んだり地元の人に聞いてみると、さまざまな発見があるでしょう。

日ごろ一緒にいる家族であっても、縁という人と人とのつながりの本当の姿は目にみえないように、神さまという存在も信じようが信じまいが、目で確かめられる種類のものではありません。見えない神さま同士の見えないご縁を知るというのは、大変わかりにくい作業で難しく感じるかもしれません。ですが、自分の住んでいる町や村の鎮守の森をしらべて、お宮のことを知り、神さまの由緒を確かめるということは、とても大切な経験なのです。

（4）「摂末社」の具体例

「摂末社」には、境内にあるものとそうでないものとの違いがあります。また、境内にあるものでも、ご本殿に近いものとはなれているものとがあります。

たとえば、源氏にゆかりのある神奈川県の皇大神宮《こうたいじんぐう》（鳥森《からすもり》神社）というお宮では、境内のすみっこに厳島《いつくしま》神社という「末社」があります。厳島神社は、敵方の平家が一族のまもり神として大切にし、信仰していたことで知られる神社です。それが、なぜ源氏方のお宮でまつられているのでしょうか。日本の八百《やお》万《よろず》（実際に八百万いるわけではなく〈多くの〉という意味）の神さまは、源平合戦のような対決や争いはしないのでしょうか。あるいは、たたかって全滅させた相手の神さまはおまつりする必要があったとかんがえたのかもしれません。その場合も、敵方にとって大切な神さまをまつるのですから、あまり味方のご祭神には近くないほうがよいとかんがえたのでしょう。また神さまの「荒魂《あらみたま》」の小社も、同じ境内であってもご本殿のすぐ隣でおみかけすることはあまりありません。ということは、それとは逆に、ご本殿に近い「摂末社」ほど主祭神に関係の深い神さまのお社かもしれません。

境内の外にある「摂末社」については、伊勢の神宮がその数の多さで有名です。神宮には、天照大御神《あまてらすおおみかみ》をおまつりする「皇大神宮（内宮《ないくう》）」と、豊受大御神《とようけおおみかみ》をおまつりする「豊受大神宮（外宮《げくう》）」という二つの本宮（正《しょう》宮《ぐう》）と特別の由緒ある一四社の別宮《べつぐう》があります。そのほかに、三重県内の伊勢地方を中心に四三の「摂社」、二

図3－2　皇大神宮の本殿と末社の厳島神社（神奈川県藤沢市）

四の「末社」、さらに、それ以外の四二の「所管社《しょかんしゃ》」をあわせると、合計一〇九社のお社がところどころにあって、「摂社」「末社」についても独自の基準を残しています。つまり平安時代の律令《りつりょう》法典《ほうてん》（法律書）の一つ『延喜式《えんぎしき》』に社名が載せられた神社が「摂社」、載っていない神社が「末社」というわけです。

そのほか、九州では宗像《むなかた》大社、宇佐《うさ》神宮や筥崎宮《はこざきぐう》、本州では出雲《いづも》大社、鹿島《かしま》神宮や香取《かとり》神宮など起源の古い大きなお宮には、それぞれ由緒ある「摂末社」がたくさんありますが、どの地方でも古いお宮ほど多くの「摂末社」があるので、それらをしらべることもお宮の森の由緒や歴史を知るうえで大切な手がかりになるのです。

なお、お寺の場合にも、境内の内外に「お堂」や小さな「祠《ほこら》」があって、さまざまなご縁の仏さま・神さまがまつられています。たとえば、やはり神奈川県の鎌倉には、元寇《げんこう》の時代に幕府執権《しっけん》であった北条時宗《ほうじょうときむね》が、多くの戦死者をとむらうために円覚寺《えんがくじ》をたてたのです。円覚寺は正式には瑞鹿山《ずいろくさん》円覚寺といいますが、これは本堂の完成式典の日に、山中の洞穴《ほらあな》からたくさんの白いシカが現われたためで、その洞窟は今でも白鹿洞《はくろくどう》という名でのこっています。シカは、たとえば奈良・春日大社の神鹿《かみしか》のように大昔から神さまのおつかい（ご眷属《けんぞく》）とされてきた動物ですが、このように神さまと関係のふかい存在が、ときにはお寺に出現することもあるし、その場所がめでたいところとして後世につたえられるのは、お宮の例とも変わりないのです。

今でこそお宮とお寺とは別々のものですが、つい百数十年前の明治維新《いしん》までは、しばしば神仏は分けへだてなく共にしておまつりされていました。時間があれば、お宮だけでなく、ちかくのお寺についても、境内の本堂や付近の「お堂」や「祠」などをしらべてみると、思いがけなく昔のお宮とお寺の親密な関係をみつけることができるはずです。

（渡辺瑞穂子）

4 森から離れて神や仏がまつられているか

お宮の境内からはなれたところに、別の森や神社があって、なにかがまつられているのが目に付くことがあります。それらのなかには、本社といろいろな理由で関係のある小社や祠《ほこら》がある場合がかなりあります。普通は本社よりずっと規模が小さく、たたずまいも簡素《かんそ》ですが、なかには本社の鎮座より古い言い伝えをもつお宮・小社もあります。まずは本社と関係があるといわれている小社やお宮が、森の周辺にどのくらいあるか、どのように分布しているかをしらべてみましょう。

(1) まず小社や祠のある位置をたしかめ、さらに神聖視されている塚や岩や樹木なども記入し、地図を作ってみましょう。

ア 小社や祠の場合

建物はなにもなくて、神聖視されている森・茂み、塚・石組み、大きな樹木、なにかいわくありげな空き地に神仏がまつられていることがあります。よく神垂《しで》（紙）を下げた注連縄《しめなわ》をめぐらせた巨木や岩を見かけることがありますし、また樹木や岩の根元に、何か食べ物を入れた盃《さかづき》や小皿などの供え物がしてあることもあります。何もない空き地でも普段は人もふみ込まず、汚さないように気をつけている場所もあるのです。今はそこに小社や祠がある場合でも、もとをただせば、このように自然のまま神聖視されていた場所で、あとでそこに小社・祠を建てたということがよくあります。それだけに、本社とのかかわりも深い意味をもっていることがよくありますので、注意深い観察が必要です。

イ　「山宮」や「里宮」の場合

山の頂上や中腹にまつるお社を一般に「山宮《やまみや》」あるいは「奥宮《おくみや》」といい、山麓《さんろく》の集落・村近くにまつるお社を「里宮《さとみや》」とよんで、その両方が関係してまつられている神社がよくあります。

山宮が鎮座する山は神々《こうごう》しい霊山で、古典では「神奈備《かむなび》」、一般には「神体山《しんたいざん》」とよんできました。昔から自然のまま人が入ったり手を入れたりしてはいけない「禁足地《きんそくち》」であったり、身近に参拝できないので、山の麓に「里宮」をたてて山に鎮座《ちんざ》する神さまをまつっているのです。「山宮」からはお祭りの時だけ祭神をふもとの「里宮」にむかえたり、春や秋など季節ごとに祭神が「山宮」と「里宮」を行ったり来たりする例もあります。また同じ祭神でも、「山宮（奥社）」には祭神の荒魂《あらみたま》をまつり、「里宮」には祭神の和魂《にぎみたま》をまつるという場合もあります。

山だけではなく、沿岸地域では海上にうかぶ岩や小島を「立《た》ち神《がみ》」や「神島《かみしま》」とよんで、それらを「奥宮」「沖宮《おきみや》」と言ったりします。また、最初に神さまが上陸したと言われるところを「浜宮《はまみや》」とすることもあります。北九州の宗像《むなかた》大社の「奥宮」である玄界灘《げんかいなだ》の沖ノ島《おきのしま》や、

図４－１　美保神社の沖の御前（島根県）

島根半島の美保《みほ》神社で神さまをおむかえする沖合の「沖《おき》の御前《ごぜん》」「地《ち》の御前《ごぜん》」などは、有名な「沖宮」の例です。

ウ 「お旅所《たびしょ》」の場合

お宮のお祭りのとき、祭神の霊が神輿《みこし》や奉輦《ほうれん》（車輪付きの神輿・牛などがひくこともある）にのって行列し行進する祭礼を神さまの旅行の意味で「神幸《みゆき》」や「神幸祭《しんこうさい》」「渡御祭《とぎょさい》」などとよび、そのさい、立ちよって仮りに滞在されるところを一般に「お旅所」といいます。またお宮によっては、これを「屯宮《とんぐう》」「行宮《あんぐう》」、あるいは「お仮屋《かりや》」「神輿宿《みこしやど》」とも言っています。普段は常設の社殿があっても、なかにはなにもまつっていない、あるいはお祭りのたびに仮りの建物を建てるための決まった場所だけの場合もあります。また別の神社がなにかの縁で「お旅所」になる例、なかには占いで臨時のお旅所がえらばれるお祭りもあります。いずれにせよ、「お旅所」で神さまがおもてなしを受けて休憩したり、地元の人びとの参拝を受けたりするのです。

「御座船《ござぶね》」といって「神輿」を船に乗せて「船渡御《ふなとぎょ》」をし、「沖宮」や「浜宮」など祭神ゆかりの場所をめぐったりするのも「お旅所」のお祭りの一つといえるでしょう。

エ 「神幸祭」の順路

神さまは「御輿」や「奉輦」にのって移動しますが、その道筋や滞在の場所はたいてい古くから決まっていて、かたくまもられているものです。「神輿」が「お旅所」に一時滞在して神事が行われたり、何日か長期にわたって滞在する例もあります。

「神輿渡御《みこしとぎょ》」の目的は、祭神が最初に現れた場所や道筋をたどってその由緒・神話を再現したり、祭神と古いゆかりのあるお宮を訪問してその縁《えにし》をたしかめたり、祭神が古くからまもってきた地域やそこの住民たちの生活に「幸《さち》」をあたえたり、疫病《えきびょう》をはらったりすることです。したがって、こうした「神幸祭」の道筋や、「お旅所」などの滞在場所も、鎮守の森と地域社会とのかかわりを示す大切な手がかりといえます。

(2) 小社や祠には、どんな神々がまつられていて、本社とはどのような関係があるのでしょうか。また本社とは別の独立したお宮と関係するなら、その由緒や理由をしらべてみましょう。

本社になんらかの関係がある小社や祠の様子や分布がたしかめられたら、その小社にどんな神仏がまつられ、本社の祭神とどのような関係があるのかしらべてみましょう。また規模の大小にかかわらず、本社がほかのお宮となんらかのかかわりを持っている場合も、どういう理由でそうなのかをしらべましょう。本社の「相殿神《あいどのしん》」や「摂末社《せつまっしゃ》」のように、やはり小社や祠にまつられる神さまが、本社の祭神と夫婦、親子、兄弟であったりする血縁関係の場合も、また主従関係であったりすることもあります。そして、なかには本社を訪ねてきたお客さまとして待遇する「客人神《まろうどがみ》」という場合もあるのです。

たとえば島根県美保《みほ》町の北浦地区では、こんもりと茂る自然林の森のこずえに「客人神」が宿るといって、この森を「お客さんの森」とよんでいます。この神さまは荒神《こうじん》さんで、豊作を祈願するとよいといいます。また同じ町の美保神社の客人社《まろうどしゃ》には、本社の祭神である事代主《ことしろぬしの》命《みこと》の父神である大国主《おおくにぬしのみこと》命がまつられています。

いずれにしても、それぞれの祭神にはご鎮座にいたるいきさつや縁起があって、お祭りはそうしたことをふまえて行われるのです。そのため、お祭りを知るにも、祭神についてくわしい調査は必要です。そうした本社とほかのお宮・祠との関係をたどっていくと、スケールの大きな神話、いいかえれば森や聖地の物語に出会うことになるかも知れないのです。

(3) 最後に、お宮とほかの神社とが関連するお祭りの具体的な例を紹介しておきます。

たとえば、長野県・諏訪《すわ》大社上社《かみしゃ》の境外摂社《けいがいせっしゃ》で祭神・諏訪神《すわしん》の母神さまをまつる「御座石《ございし》神社（同県茅野《ちの》市）」では、狩りの帰りに立ちよった息子の神を、母神さまがもてなしたという神話伝承にもとづいて、本社と摂社とが関連するお祭りが行われます。

また、熊本県・阿蘇《あそ》神社の境外摂社である「国造《こくぞう》神社」は、本社の祭神の御子神《みこがみ》夫婦とその孫神《まごかみ》がまつられています。このお宮の御田祭《おんださい》の神幸《みゆき》は、神輿やウナリ（神さまのお弁当を運ぶ女性）が行列してお仮屋まで行き、神事をしてからお宮にもどります。お仮屋は「神田《かんだ》（神さまのお米を作る田んぼ）」の奥の方に常設されていて、そのかたわらには宮川という川が流れています。この風景から、「お仮屋の位置にも深い意味がある」と考えることができます。つまり、「神田（稲田《いなだ》）」と「宮川（水源の川）」が一体となっているという、稲作に関係したお祭りであることがわかってくるのです。本社の阿蘇神社での御田祭も行事の流れはまったく同じで、規模

図4－2　熊本県阿蘇・国造神社の御田祭ウナリ行列

の大小の違いはあるものの両方を照らし合わせてみると、その関連がはっきりするのです。

こうした例にみるように、本社とはなれた、一見かかわりのないようなお宮でも、ご祭神同士の関係やお祭りの内容をしらべると、両社のつながりが明らかになる場合がよくあるのです。

そこで質問は、たとえば次のようにしてみましょう。なおその際《さい》には、すでに作っておいた、お宮の境内の摂末社と森からはなれた小社や祠の分布図を見せながら、できるだけくわしくおたがいの関係を聞くことが大切です。

●「この社には、何がまつってありますか。神さまの名は?」
●「本社のご祭神と何か関係がありますか。どのような関係ですか?」
●「本社のお祭りのとき、外の小社やお宮も何か役割がありますか。どうしてそうするのですか?」
●「この社についての神話や伝説があったら教えてください」
●「本社のお祭りのとき、神輿の神幸はありますか?」
●「お旅所があったら、その場所と神幸の道順をこの地図で教えてください」
●「お旅所の場所と道順が、昔と今で変わっていたら、その違いを教えてください」

というように聞いてみましょう。

質問は、お宮の神職さんのほか、お宮や行事についてよく知っている地元の氏子《うじこ》さんに聞くのも大切です。そして実地の下調べがすんだら、聞き書きしたことについて、郷土誌などの記録を参考にして確かめたり、おぎなったりしましょう。

（齋藤ミチ子）

5 森の内外に、特に建物や施設のない自然の「霊蹟」や「故地」があるか

お宮やお寺などの森のなかや周辺には、きちんとした祠《ほこら》やお堂などではなく、「霊蹟《れいせき》」「故地《こち》（いわれのある土地）」と言われるものがのこされていることがよくあります。

それは、石や岩であったり樹木であったり、池や川、井戸や泉や洞窟《どうくつ》などでもあるようです。時にはそれら自然物に注連縄《しめなわ》がかけられていたり、柵で囲ってあったりする場合もあります。

それ自体が神さま・仏さまだとされている「霊蹟」の場合や、神さまが最初に現れたり、休まれたりした岩、ヤマトタケルや坂上田《さかのうえのた》村麿《むらまろ》などの英雄、弘法大師《こうぼうだいし》などの旅のお坊さんなどが泉をわき出させたり、突き立てた杖が大木になったりしたという神話伝承がある「故地」もあります。そこには、「自然には神さま・精霊がやどる」と敬《うやま》いおそれていた昔の人びとの感性がうかがえるのです。

また、そのような自然物のほかに「祭祀遺物《さいしいぶつ》（遺跡《いせき》）」とよ

図5－1　長野県茅野市山中の霊石

ばれるものもあります。古代人が神さまを招き、むかえ、お祭りをして祭式土器《さいしきどき》（お祭りに使った土器）をのこした場所や、経筒《きょうづつ》（さまざまな祈願をこめて書いたお経を入れた筒）を埋めた経塚《きょうづか》なども「故地」といえるでしょう。

そうした「霊蹟」や「故地」は、「なぜその森にお宮やお寺があるのか」という理由や、その土地の地名の由来を物語るなど、森や周辺地域の歴史と深くかかわっている可能性がたかいのです。

(1) どのような言い伝えや過去の歴史がありますか

「霊蹟」や「故地」をしらべる上で、まずどのような言い伝えや過去の出来事が語りつがれてきているか、ということを中心にかんがえてみましょう。

たとえば小さいころ、お宮やお寺にある岩や木に登って遊んでいたらしかられたりした記憶はありませんか。「この岩は神さまだから踏んだり叩《たた》いたりしては駄目だよ」とか、「あそこに入ってはいけないぞ」とか、「あの池で釣りをすると竜神《りゅうじん》さんのバチが当たるよ」などと言われたことはありませんか。たとえば、東京・府中《ふちゅう》市の大國魂《おおくにたま》神社には七不思議が伝わっていますが、その大半が境内の木々に関するものです（図5−2）。

図5−2　府中市・大國魂神社のご神木（イチョウ）

また、「霊蹟」や「故地」から発見・発掘された遺物が現にご神体となってまつられている場合さえあります。

こうした言い伝えや遺物には、お宮やお寺の創建《そうけん》にかかわる正式な由緒や縁起になっているもの、あるいは地元で語り継がれてきた昔ばなしになっているものもあります。そういったことを「ただの昔ばなしだ」などと軽く考えずに、ていねいに調べてみましょう。聞き取り調査では、以下のような点に注意するとよいでしょう。

- 「この霊蹟や故地は、正式には何とよばれていますか?」
- 「一般的な通称あるいは愛称はありますか?」
- 「その霊蹟や故地にまつわる言い伝えの主人公は誰ですか?」
- 「そこで、昔どういうことが起こったとされていますか?」
- 「それは、いつ頃の話ですか?」
- 「お宮やお寺との地理的な位置関係はどうなっていますか?」
- 「何か遺物が見つかったり掘り出されたという話はありませんか?」
- 「あるとしたら、それはいつの話ですか。記録は残っていますか?」
- 「遺物はどのように保管されていますか?」(できれば見せてもらう)

(2) 今日では、どのようなお祭りや行事、ならわしがありますか

その「霊蹟」や「故地」に対して行事やならわしのようなものが残されているかどうか、ということにも注

目してみてください。

森や境内にある霊石などに対して、お宮やお寺がお祭りをしているところもあるようです。供え物をして祝詞《のりと》やお経を読んで拝礼をするのです。本社や本堂でする毎日の拝礼と同じように大切にされている例もあります。

そこで、これらのお祭りに関しての調査ポイントは、次の質問を中心にするとよいでしょう。

●「その祭りや行事の主催者と参加者は誰ですか。参加資格はどうなのですか?」
●「その祭りの日時はいつですか。毎年ですか。何年に一度かですか?」
●「その祭り次第は、どのようになっていますか?」
●「どのような供え物をさし上げていますか?」

また、お宮などが正式に行うものとちがって、地域の人びとやより広い範囲の人びとに親しまれているような行事やならわしといったものもあります。

触ったり撫《な》でたりするとご利益《りやく》がある石や樹木、その水を飲むと霊験《れいげん》があるとされる井戸や清水の泉、あるいは「○○してはいけない」というのも逆の意味で「禁忌《きんき》」というならわしとよべるでしょう。

こうしたものは、迷信とか俗信《ぞくしん》などとよばれることが多いのですが、さきほどの言い伝えと同じように、きちんとしらべてみましょう。それには、次の質問などが基本となります。

●「誰が、どういうことを行いますか?」
●「日時や作法などの決まりごとはありますか?」

●「それをすることで、どのようなご利益・霊験がありますか?」
●「どれくらいの範囲で、このことが知られていますか?」

(3) その「霊蹟」や「故地」の伝承・慣習に、時代差・地域差がありますか

以上の調査がある程度進んだら、その結果を地域や時代に区切って分類分けしてみるとよいでしょう。というのも、ちょっと地域が変わるだけで言い伝えがまったくちがう場合や、ほかのお宮・お寺の伝承とかかわってくることがあるからです。あるいは、古い記録に見える伝承と現在のものがちがうこともあるのです。つまり、ある一つの信仰《しんこう》・ならわしにもさまざまなパターンや時代の変化があり、いろいろな角度からの調査が必要となってくるのです。

また、何の言い伝えもないけれど、ただ単に大事にされている場所や、逆に伝承は残っているけれども実物がどこにあるか、どれなのかわからないという場合もあるでしょう。時代の流れのなかで、その意味や存在がうしなわれていくということは残念ながらしかたのないことであり、これらを探すのは大変なことです。

しかし、たとえかすかな痕跡《こんせき》でも手がかりにしてその「霊蹟」や「故地」をしらべるということは、太古から土地の人びとが風土の森や自然に対して持ち続けてきた神聖感を再確認し、さらにそれを後世に活《い》かし伝えていくために必要な作業なのです。

(新井大祐)

神仏にとって森とは何だろうか

ここまで実際の森をしらべてみると、普段はなにげなく親しんできた森が、「単なる森林」ではなく、ふるさとの神秘的な伝承や歴史の文化が凝縮《ぎょうしゅく》した「神々の顔」をゆたかに持ち合わせていることに気付いたのではありませんか。だからといって、皆さんのしらべてきた森は、けっして特別な例ではなく、日本では都会でも田舎でも、いたる所にあって、そこには遠い昔から神さま仏さまやさまざまな精霊《せいれい》が息づいているのです。

日本は、いまや欧米の先進諸国と肩をならべるほど近代都市文明がゆきわたった国です。にもかかわらず、こうした霊的な「森の文化」を大昔から現代にいたるまで、社会生活のなかで大切に伝えてきた国は、ほかにないと言ってもよいでしょう。

それにしても、なぜ日本人はそうした「森の文化」を失わずにきたのでしょう。森に神さま仏さまなど目に見えないものがやどり、森が「神々の顔」を持ち続けてきたのには、どんな理由があるのでしょうか。

最後にそうした理由について、いくつか考えてみましょう。

日本人は、太古から森羅万象《しんらばんしょう》に霊性《れいせい》（神秘的な力）・生命が息づいていて、人間はもちろん、動・植物、大地や自然、海や川、太陽・星・月、雨風《あめかぜ》にいたるまで、あらゆる事物《じぶつ》・現象に「タマ」「モノ」という個々の霊的存在がかかわっていると信じてきました。今でも「魂（タマシイ）」「物の怪（モノノケ）」「言霊（コトダマ）」など、「霊魂」のはたらきをなんとなく信じています。

たとえば、人間を含めて生き物が死ぬと、肉体を離れた霊が目に見えない世界に行き、また何かにやどってわれわれ生きているものの世界、現実を左右したりすると根強く考えられています。そういった「霊魂」のうち、人間の生活に特に深くかかわり、影響力がつよく、畏《おそ》れを感じる霊性を「カミ」「ホトケ」として、まつったり供養《くよう》したりしてきたのです。

「カミ」という日本語は、「隠れる」という意味の大昔の言葉、「クム」が時間をおって変化したものとされます。また、同類語の「クマ」、つまり熊が山や谷のおくまった秘境にいるというイメージからも、本来は日本の山がちな風土にひそむ「隠れた霊性」を指して「カミ」としたのです。その後、奈良時代に入って、その「カミ」に漢字を当てて「神」と書くようになったのです。

さらに、幕末から明治時代にかけて外来語の「デウス」

や「ゴッド」が伝わったさい、それらをまとめて「神」と訳してしまったために、かえって本来の「カミ」の意味が見失われてしまいました。

一方「ホトケ」は、

- ●大昔、お墓に供える土器である「ホトキ」がなまったものだとする説
- ●日本に伝わった当初の仏教を「浮屠＝フト」とよび、それに「キ・ケ（気）」をくっつけ「フトキ（ケ）」→「ホトケ」となったという説

など、語源的にははっきりしません。

しかし、それはともかく、日本に仏教が広まるにつれ、いつのころからか「如来《にょらい》」「菩薩《ぼさつ》」などを「ホトケ」と総称して、そのほか人間なども死ぬと「ホトケ」とよぶという風習は注目すべきだと思われます。たぶん日本国内の仏教の主流となった「大乗《だいじょう》仏教」系の「法華《ほっけ》一乗《いちじょう》」「即身《そくしん》成仏《じょうぶつ》」の思想、つまり何にでも「仏」になる素質があるという考えによるのでしょうが、「多少なりと縁のある者（家族・親戚を始め、少しでもその人にかかわった人びと）が供養をすれば、どんな死者もやがて〝ホトケ〟になる」という仕組みは、まさに日本仏教ならではの「先祖祭《せんぞまつ》り」と言えるでしょう。

つまり、「カミ」「ホトケ」などとさまざまに言いながらも、実際は共に「敬神崇祖《けいしんすうそ》（神を敬い、先祖を大事にすること）」の対象であるのです。

「神祭《かみまつ》り」が、自然風土に「ひそむ精霊」を「カミ」として和《なご》め鎮《しず》めるものだとすれば、他方「先祖祭り」は血縁者の死者の「隠れた霊」を「ホトケ」として和め鎮めるものだということになるのです。

ただし、大昔から日本では、死や血などにかかわる物事を「ケガレ（汚・穢）」と言い、よくない力があるとされて、あまりかかわってはいけない「タブー（禁忌《きんき》）」とされてきました。そのため、「先祖祭り」の方は死霊についた「ケガレ」を浄化する働きも持っていて、一般にその「ケガレ」は、三十三回忌《かいき》を済ませて「浄化」されたと考え、ようやく「カミ」や「ホトケ」として一族の「先祖」の仲間入りを果たすのです。

こうして「カミ」「ホトケ」といった霊魂の世界は、そのどちらも「血縁《けつえん》」「地縁《ちえん》（同じ社会・地域共同体のつながり）」などの縁のある者たちの手あつい「マツリ」によってしずまり、「氏神《うじがみ》（地域の守り神）」や一族の祖先となるのです。

日本の「マツリ」とは、一般に、まず神霊をまねき、大切なお客様として精一杯おもてなしをして、霊威《れいい》（力）を和めたり、また高めたりしながら、その「恵み」をいただくという文化です。

その語源的な意味は、

●目に見えない「カミ」が現れるのを「マツ（待つ）」
●「ミアレ（出現）」した「カミ」にさまざまな物を「タテマツル（奉る）」
●「ミアレ」した「カミ」に「マツラフ（服従して奉仕する）」

ということに由来します。

前にお話ししたように、「カミ」は、普段は清らかな自然にこもっていて見えないからこそ、「マツリ」に際して、待ちこがれる人びとの前に「ミアレ」して、もてなしを受け、神徳《しんとく》（恵み）をほどこし、再びもとの場所にこもるのです。

日本の神々は、本来仏像のような像・絵姿《えすがた》をもっていません。その代わりに、生気に満ちた清らかな物に憑依《ひょうい》する（やどる）という方法で、その存在を人びとに伝えようとするのです。

たとえば、「カミ」をかぞえるのに「一柱《ひとはしら》・二《ふた》柱」「一《いち》座《ざ》・二《に》座」という表現をします。これは「カミ」が「柱」にやどり、「座（鎮まる場所）」を占めるからなのです。つまり、「柱」も「座」も「〈カミ〉そのものではない」ということです。

このように、「カミ」は日常的には「コモル」存在だからこそ、特別な日の「マツリ」に「ミアレ」する機会を人びとに求めるのです。その意味で、「カミ」と「マツリ」は切っても切れない関係にあり、しかも、「カミ」が主にこもりしずまる聖地こそが、古来「鎮守の森」であったのです。

日本では古典の上でも「モリ」を「杜」と書き、時には「神社」も「モリ」と読む場合があります。漢字の「杜」は、中国では「ト」などと読み、〈ヤマナシ〉という果実、あるいは「塞《ふさ》ぐ」という意味で使われます。「モリ」という発音・読み方はなく、意味的にも日本で言う「森」というのはありませんし、ましてや「神社」を指す言葉でもありません。ですが、古代の日本にこの「杜」の字が伝わったときに、「カミのモリ」という意味で使ったのは確かなのです。「神社」を「カムツヤシロ」や「モリ」とよみながら、同じ意味で「杜」の漢字を当てたことに深い意味があります。

つまり、字を分解して考えたさい、「樹木（木）」と「大地（土）」が一体となった生命豊かな「杜＝森」こそが、古代日本人に森厳（とてもおごそか）な「カミ」の霊地を連想させたのです。

（薗田　稔）

第6章

森を守ろう
人間の顔

薗田　稔 編

1 神職さんはどういう奉仕をしているのだろう

神社には白衣に袴《はかま》の神職さんや巫女《みこ》さんがいます。私たちが境内で見かけても聖職者という仕事柄、あまり気さくに話しかけることはできないし、神社の建物もなかにはなかなか立ち入れないように思われます。

では神職さん達はお祭や私たちのご祈祷《きとう》の時以外ではふだんどんな仕事をしているのでしょうか。また、神社のなかではどんなことが問題になっているのでしょうか。神職という仕事や神社のしくみなど、実際の神職さんに書いていただきました。

(1) 神主・神職

神にご奉仕する職業である神職のよび方は地域によって時代によって、さまざまです。たとえば神職の一般的な言い方である神主は「かんぬし」と読まれることが多いようですが、地域によっては「こうぬし」とも読み、よび方もいろいろあります。

また、今では神職は神社に居るものというイメージがあるかも知れませんが、昔はそうでない神職もいました。今では全国の神社でお伊勢《いせ》さん（伊勢神宮）のお札を授与していますが、古い時代は伊勢神宮のお祓《はら》いやお札は御師《おし》とよばれる宗教者によって全国の村々へと届けられていました。その人たちは、大夫（または太夫）と書いて「たゆう」さん、または「たいぶ」さんともよばれていました。そのほかに神職は祠官《しかん》、神官ともかってはいいましたが、現在は神社の祭儀に仕える人たちを総称してのよび方として神職とよぶのが普通です。

神社の規模や歴史、地方によって、それぞれ特徴のあるよび方があり、これらを調べるのもおもしろいと思います。

(2) 神職の職制

古い時代は、祭儀を司る神職を禰宜《ねぎ》あるいは神主、祈願を主としてお祈りをする神職を祝《はふり》(神職の別称)とよんでいました。現在の神職の職制では、宮司《ぐうじ》・権宮司《ごんぐうじ》・禰宜・権禰宜《ごんねぎ》・出仕《しゅっし》というのが一般的職階です。このように現在の職制が確立したのは、昭和二十六年(一九五一)ごろに、新しい宗教法人法が施行され、神社が法制化されてからで、まだ始まって間がありません。神社によっては、伝統的な名称を今なお使用しているところがありますので、それを調べてみても面白いかもしれません。

神職以外に巫女《みこ》さんがいます。巫女さんの場合もよび方はさまざまあって、その歴史を調べると女性史をみるようで興味がわきます。

巫女さんとよく間違えられるのに女性神職がいます。女性神職は今にそうした制度が設けられたのではなく、古くからあるものです。有名なものでは古代の伊勢や賀茂《かも》の斎王《さいおう》という女性神職の制度です。現在もその伝統を引き継いでいる神社もあります。忌子《いんこ》女、雑仕《ぞうし》女、仕女《とうめ》、稲女《とうめ》、専女《とうめ》、炊女《とうめ》などとよばれています。女性神職は、お供えのこと、お祓いのことなどを司《つかさど》っていました。

一方、巫女さんは、お神楽《かぐら》など神事芸能や神前神楽を専門とする女性のことで、神楽女《かぐらめ》とか御巫《みかんこ》女、御巫《みかんなぎ》、八乙女《やおとめ》などとよばれています。

その他、規模の大きい神社などではこうした神職とともに社殿等施設を管理したり、事務上専門的な分野に従事する職員がいます。文化財の管理や維持に専従する職員、また、図書や典籍類を調査研究する学芸員。コンピューター、警備、防災、高圧電源等の機器を管理する技術者。また経理士、労務士など職員のための専門職がいて神社が成り立っています。

(3) 神職の役割

神社によって、宮司から出仕まで何人も勤めている神社もあれば、宮司さん一人という神社もあります。ところが宮司さんがいない神社もあります。このような神社は、年一度のお祭りの日に隣町の神職が祭典にくるという神社で兼務社《けんむしゃ》といっています。ところによっては、一人の神職が四〇社、五〇社あるいは、それ以上の神社を兼務していることもあります。一人では大変なのでは、と思う方もいるかもしれませんが、各神社には必ず氏子総代《うじこそうだい》さんがいて普段の管理をしてくれますし、年に数度のお祭のために兼務しているので、毎日いくつもの神社を行ったり来たりする必要はありません。

神職は、まず祭典を奉仕するのが一番の仕事です。そのうえで、神社神道として神社がさまざま伝承している信仰的なことや、歴史的なこと、祭祀などについて勉強し研究する仕事があります。神社の考えを氏子や市民に説明するなどして、常々氏子と市民と気持ちを一つにするためには必要な努力です。さらにいつも社殿や境内をきれいに掃除をし、清潔にしておかなくてはなりません。社殿が破損したり、境内の樹木が枯れたりした場合は、ただちに補修したり修理をし、境内の森は常に生き生きとして、緑がしたたるようでなければなりません。そのため経費が不足すれば寄付を募るのも大切な仕事です。その時は氏子や崇敬者のお宅を訪問してまわります。神社の外の家々をまわる機会は他にもあります。地鎮祭《じちんさい》や遠く離れた崇敬者の家のお祭りに、積極的に出かけていくこともします。

（新木直人）

2 神社の組織を調べよう

(1) 宗教法人としての神社

神社は、昭和二十一年（一九四六）に制定された日本国憲法に基づき、民法によって、昭和二十六年（一九五一）に、公益法人格を付与することを目的として制定された宗教法人法という法律により運営管理されています。神社は、我が国の津々浦々に大小とりまぜてまつられていますが、それらすべての神社が宗教法人として社会的な存在であるところから、宗教法人法だけではなく一般の法令に基づいて適正な運営管理をしながら宗教活動をおこなうよう義務づけられています。

それぞれの神社は、宗教法人法に基づき神社規則を設け、社殿や境内など財産の管理、年中の収入や支払いなど財務管理と運営、神職・職員のこと、収益を目的とする駐車場などの管理をしています。

これらの運営管理は神社規則により代表役員一名、責任役員数名をおいて責任者と決めています。当然、境内の森（社叢）についても代表役員と責任役員が責任をもって管理することになっています。

(2) 代表役員と責任役員

代表役員は、ほとんどの場合、宮司がなります。責任役員は、氏子《うじこ》総代《そうだい》あるいは、崇敬者から選ばれることが多く、いずれも選出方法は、特別な例外をのぞいて神社規則のなかで定められています。責任役員会は、神社の議決機関として重要な組織です。責任役員は氏子総代のなかから選ばれ、氏子総代は、氏子全員のなかから選ばれた世話人（各神社によって、さまざまな名称でよばれています）から選ばれます。

(3) 氏子総代会

氏子総代会において年間の行事や神事のお手伝い、神社の清掃奉仕などあらゆる面について相談します。世話人は、氏子地域の町内ごと、三〇〜四〇世帯に一〜二人の割合で選ばれており、神社と氏子を結ぶ重要な役割をはたしています。神社の神事、行事の案内、冊子、会報の配布、祭事への参加の要請と世話……。社殿の修理費や境内の森の手いれの工事費の募金など、奉仕による仕事の内容は多岐《たき》にわたっています。

以上は一般的な例ですが、神社はそれぞれ地域の事情を考慮しながら運営されているので、どのような方法をとり入れているのかを調べてみましょう。その結果は、将来社叢を保存・活用するための重要な資料になります。

(4) 氏子・崇敬者の役割

神社には、本殿のほか拝殿とか、社務所などをはじめとする建物があります。そしてそれらの社殿などが建ち並ぶ境内があります。境内の多くは、森林におおわれています。またお祭りを奉仕する神職、そして神社を崇拝する人々がいて宗教的にも経済的にも成り立っていると同時に、地域の人々の精神生活のより所となっています。

氏子とは、明治十四年（一八八二）、神社やお寺に総代人届け出制度が設けられて以来、現在まで継承されている制度です。もともとは、ご祭神を祖神として「氏神《うじがみ》」といい、その子孫の人たちがまつりはじめたので氏の子「氏子」とよばれました。産土《うぶすな》の「産子《うぶこ》」という言い方もあります。産土は生まれた所や住んでいる所の神社を言います。この二つは現在はほとんど区別はありません。その地域に住んで新しいとか古いとかの区別もありません。

しかし、時代とともに氏子という意識も希薄になり、お祭りの日に、神輿《みこし》をかついでいても氏神さまがどなたであるか知らない人たちも多く見かけます。今後、このあたりの氏神に対する関心度の意識調査も必要と思われます。

崇敬者とは、神社のある地域に関係なく、その神社を崇敬し尊崇する人たちのことです。氏子とは違って、全国どこに住んでいてもよいわけです。常日《つね》ごろ、ご加護を受けている神社に対して、月にあるいは、年に何度かお参りをしたり、お祭りには、神輿をかついだり、あるいは社殿や境内の清掃の奉仕、修理の支援など、氏子と同様の働きをしています。自分の家の宗教が仏教であっても、あるいは他の宗教の信仰者でも神社の崇敬者になれるのです。なりたい人すべてが崇敬者になれます。神社は、どんな人が崇敬者になろうと拒むことも追うこともありません。外国人であってもだれでもが神社の森に寄り集まることを神さまはお喜びになるのです。

崇敬者と氏子は親ぼくを深め合い、ときには近くの神社の氏子とも交流をあたためるなど、さまざま神社を中心にして人間どうしのきずなを深めます。それは住んでいる地域にあっても同じことです。お隣りや町内あるいは、地域全体の交流や親ぼくへと展開していきます。神社は地域社会の広場であり、人々の交流の源となっています。

神社境内の森（社叢）は、神さまのお住まいと同時に地域社会の人々に与えている景観や自然環境、精神生活にとても貢献をしているので、神社の氏子のみが社叢の管理をしようというのではなく、地域の行政をはじめ市・町・村民全体の課題として社叢の保全を心がけるべきでしょう。そのための支援を要請するのに、神社の責任役員や総代、世話人が中心的な役割をはたしています。

神社の森を守りそだてていくために、それぞれの神社が独自の方法をとっています。近くの神社を訪ねて現況をたずねてみましょう。

（新木直人）

都市の神社と地域の住民を考える

都市の神社と田園地帯の神社とでは、神社がおかれている環境は随分とちがいます。本来神社の多くは、森のなかに鎮座していました。しかし現在の都市の神社は、ほとんどがビルの谷間にあります。森林に囲われた神社は、まれです。そこで地域の神社が現在おかれてる環境と景観を調べることが重要です（図3−1）。

図3−1　下鴨神社と糺（ただす）の森（京都市左京区）　神社は森に鎮まる。古くは、森を神社といい、神社は森とよばれていた。

(1) 市民にとって社叢とは何か

お参りする時以外では、どのような時に人々は境内へ来るのでしょうか。木々の写生あるいは、音楽などの練習など、境内の木陰はさまざまに活用されていると思います（図3−2）。そうした神社境内に集まる人たちの「行動調査と意識調査」も必要だと思います。社叢の木々がどのような役割をはたしているかも調べてみましょう。

虫の音をきき、川のせせらぎ、木の間の風のささやぎ等々を聴ける場所は、きわめて少なくなりました。四季おりおりに移ろう林泉の美をたのしむことのできるのは、都市にあっては、ほとんど神社の境内の社叢のみとなってしまいました。緑の失われつつある町中の神社、という視点で「都市の景観調査」をしてみるのもよいでしょう。

市民の憩いの場となる環境を保全するためにまた、失われた景観を回復し修景するには、どのような方法があるのか、皆で議論してみましょう（図3―3）。

(2)「市民の苦情」を考える

町の景観、都市の環境、市民生活と環境等々、市民の生活機能のなかにしめる社叢の役割をしらべたり研究する課題は、数々あります。

一つの例をあげれば、神社の森と都市の公害との関係で考えられることは、まずゴミの問題でしょう。神社のお祭りの日などの特定の祭事に出るゴミは、行政や特別清掃業者に依頼して処分できますが、常日《つね》ごろのゴ

図3－2　四季ごとに移ろう社叢の表情を公開し、市民が親しむ憩いの場として、また保全のためにも、自然観察会を開こう（糺の森にて）。

図3－3　社叢の保全は、市民全体の問題。子供たちを中心に「市民植樹祭」を開き、関心をたかめよう（糺の森にて）。

ミはダイオキシンが発生するため焼却炉で燃やすことはできません。燃やせばもくもくとたつ煙が臭くてけむたい、といった近隣への煙害も起こります。

しかし神社からゴミが出る問題だけでなく、反対にゴミの不法投棄、散乱、自転車などの放置等々を神社がうけるというさまざまな障害も発生しています（図3―4）。神社の木々の出す木葉や枝は燃やさなくても森へ返してやればやがてたい肥となり土に還元できます。しかし不法投棄された燃えない物などの処分には、多額の費用が必要です。さらに神社の隣接地域の清掃にいたっても経費は多額を要します。そのための設備を整えるにもお金がかかります。

それならゴミを出さないことが一番ですが、不法投棄に対して監視をするのは思っているより大変なことです。看板を立て警告する方法も、効果はいま一つです。

そのほか、排気ガスの問題、酸性雨《さんせいう》の問題などなど森が傷つくことはさまざまにあります。

しかし近隣からは、葉っぱが散って樋《とい》が詰まる。庭掃除でギックリ腰になった。洗濯物が乾かない。せっかくハイビジョン・テレビを買ったのに写りが悪い。子供が花粉症になった。アトピーがひどくなった。「だから木を切ってしまえ」という主張があります。車が葉っぱでスリップした。車のうえに枝が落ちて凹《へこ》んだ。瓦が割れた。玄関窓が割れた。蚊《か》が多い。毛虫が異常発生している。そこで警察や保健所まで「木を切れ」といいま

図3－4　糺の森社叢の林間に不法投棄されたゴミ　景観を害するばかりか、やがて落葉にかくれ、樹林の生育に大きな影響をあたえる。

す。若葉のにおいが強くて眠れない。夜、暗くて怖い。子供が夜遊びをしている。犬の散歩のふんによる害。カラスの巣と集団。等々、森から受ける恩恵よりもマイナス点のみが強調され、市民の抗議が目につきます。

一年中、考えられない位たくさんの苦情や抗議が神社に寄せられています。神社によっては、そのため苦情処理係を特設して対応しているところもあるほどです。しかしこうした実情を知ることは鎮守の森を管理する上で重要であり、問題点はよく調べなくてはなりません。住宅地、商業地、工場地など神社のある土地によって苦情の内容がことなると思いますから、皆さんも図を作ったりして論議をふかめましょう。

(3) 市民が森を知ることが大切

では反対に、森から受ける恩恵についても調べてみましょう。特に神社周辺の池や川についても調べてみましょう。町なかの道路ぎわに大木があって、そのためわざわざ道路をう回させるなど、特殊な樹木についても調べてみましょう。そうした位置図をつくってみるのもおもしろいと思います。もしその大木に言い伝えや伝承、物語があったり、根本にお社がまつられていたらしっかり記録しておきましょう。

神社の森を調べるには、まずその神社の神職さんの協力がなければなりません。そして木の名前を知っていなければなりません。葉っぱをみて何の木なのかわからなければなりません。その木が神社のどこに生えているのか。生育状況は、幹まわりや高さ、枝ぶりなどを調べるのを「樹木分布調査」といいます。さらに詳しい境内地の分布を実測図に樹木の位置を記していく「樹木分布位置図」も将来を考えた場合必要になってきます。かなり専門的な知識と技術が必要です。同じ森のなかに巨大な樹木、そうとう年輪を重ねている木があるはずです。その調査を「大径木調査《たいけいぼく》」といいます。樹齢何百年・樹種名・生息位置・幹回り何メートル等々を記録してください。さらにその樹木が元気かどうかも記入してください。それによって、樹医さんに診察してもらい、手入れの必要性の有無を神職さんや総代さんに報告できるようにしてください。樹医さんとは、木のお医者さんです。かならず適切なアドバイスがいただけます。

もっと詳しく森が現在おかれている状態を調べてみましょう。社叢のずーっと以前は、どのような景観（姿）の森であったか、と考えることから始めましょう。森の生態を調べるのです。

たとえば、京都・下鴨《しもがも》神社糺《ただす》の森《もり》現況の構成林は、落葉樹が三〇パーセント、常緑樹が五〇パーセント、針葉樹二〇パーセントで社叢が成り立っているが、古代はどのようであったか、等を調べるために「花粉化石分析調査」をします。これは、森のなかの適宜の場所を発掘して土壌を取り出し、土のなかに樹木の種子や花粉の化石などをみます。その地域に古い時代はどのような樹種が生息していたかをみることができます。しかしかなり専門的になりますから指導をうけながら挑戦してみてください。

古代の社叢と現代の社叢がどのように変遷してきたか、森の移り変わりを調べましょう。近郊の山や川などへのつながりを調べるのも重要です。「古代地域の復元図」をパソコンで作ってイメージしてみるのもよいでしょう。それによって将来、どのような種類の樹木を植えていったらよいのかを考え、専門家のアドバイスを得て「植栽計画」をたててください。

社叢（森・森林）を保全するということは、放っておいたり、守っているだけでよいというのではありません。たとえ雑木林であっても、常に手入れをしなければなりません。森は生きものです。小鳥が飛んで来てフンをします。フンのなかに樹木の実を食べた種子を出します。その種子から芽が出て次の時代の樹木に成長し、やがて次の森を構成します。ネズミやリスなどの小動物もそうです。森の「野鳥・動物」たちの調査をしましょう。昆虫は、倒れた木や枝をすみかとして子孫を増やしていきます。やがて倒木は、虫たちによって土に帰ってゆきます。枯れ葉が積もり積もって森の木々を育てる土になります。それを昆虫などが手伝います。

　こうした森の「昆虫調査」を是非してください。蚊《か》や蛍《ほたる》も調査の対象としてください。蚊は人間にとっては嫌われものですが、蚊のすむ湿気や水たまりが森にとっては成長過程のなかで最も重要で、必要なものなのです。森の土壌が乾燥しはじめると、森が絶滅寸前の危険信号となるからです。蛍は、清らかな流れに面して生息します。それもセミのように長年土のなかで生活していますので、森が自然な状態にあるのかどうかをはかるバロメーターにもなります。そのうえ川の流れ際に生息する水生の動植物の生息状況がよくわかります。

図3−5　糺の森にはえる「キノコ」

　そこから、「水際の植生」を調査してください。「小川の生きもの」も調査をしてください。また、森の地表の状況を知るために「キノコ調査」をしてください。木の下に立って自然ばえの芽をみつけたら「ひこばえ調査」をしてください。

　森を守るためには、まず森を知ることです。がんばってください。迷ったら、どうすればよいのか、議論を重ね、関心をたかめてください。

（新木直人）

4 田園の神社と地域の住民を考える

山や川岸を歩いていると、行く手には田や畠のなかにこんもりと茂る森が見えます。その森を見るだけで、お宮さん（神社）とわかります。以下はこうした神社でのケースです。

（1）田園の社叢はどうなっているか

多くの神社の姿は一見、社叢の環境が守られているようにみえます。しかし、よくよく見ると神社の森は切り開らかれ、ゲートボールのコースがつくられていたり、なかには公民館や幼稚園まで建てられていたりします。広場には、あきらかに神社の森であったころの名残である大きな木の切り株がいたるところに残っています。

極端な例としては、神社と隣りあった田んぼのあぜ道に車が通れるように道路を拡張した工事です。その跡をみると田んぼの方を道路用地として広げるのではなく、神社の石玉垣を壊し、境内の樹木を切り倒して道路を拡張していることすらあるのです。実際にそのような工事中に直面したこともあります。このような例は、いたるところに見られます。現代は、神社の森の受難期です。この現実をみると、人類が森林を開発し、破壊してきた歴史に遭遇したようで悲しい思いがします。身ぢかにこうした事例がないかどうか詳しく調査をしてみてください。

(2) 田園の社叢を守る人々

私たちの祖先は、神社の森(社叢)を神さまが鎮《しず》まりこもっておられる、神さまのお住まいと考えて守ってきました。だからこそ千年も何百年も豊かな緑を伝えてきたのです。現在の神社は社叢を含め、さまざまな法律にも守られています。それぞれの神社の緑は財産であり、土地の人々によって守り続けていかなくてはならないものです。そこで神社の神職ではない人々によって伝統的に神社が守りつがれている宮座《みやざ》の例をみてみます。

地域によっては、本職の神職さんより伝統的な宮座の制度である当屋《とうや》(頭屋)神主さんとか、神《こう》(督)殿《どの》さんのほうが神社と深く結びついています。当屋さんは、任期が三年、なかには一年という地域もあるようですが、その間精進潔斎《しょうじんけっさい》をして朝夕、神前のお勤めをするという氏子最大の奉仕をされています。神職さんより当屋さんのほうが地域に親しまれ根付いている場合が多いようです。当屋さんは神事を、総代さんは神社の管理を、と立場が異なるでしょうが、お互い神社の維持に携わるのです。神社によってそれぞれ違いますが、そのあたりのことも調査の対象としてください。

(3) 神社の森の恩恵

神社の森の枯木を利用して民芸品を作るとか、あるいは、木の実を名産品にするとか、村おこし、町おこしに一役買うような計画があるのか、どうか。また神社の神事芸能あるいは神話や伝説などの調査をしてください。神社という緑の空間（広場）がはたす役割を十分検討してください。
都市の公園は人の手によって作られますが、神社の森は、自然の森です。両方の違いと、そこへ寄り集まる人たちの意識調査も欠かせません。意外な結果が見えてくるかもしれません。

（新木直人）

5　祭の人間模様を考える

どんな時に神社に行きますか？　と訊《き》かれたら何と答えますか。

「困った時の神だのみ」だという人、お正月の初詣《はつもうで》だという人、そのほか七五三、合格祈願など人によって思い浮かぶものはさまざまでしょう。神社へ行く機会は人それぞれですが、大きく二つに分けるなら、「東大に合格しますように」「両思いになれますように」といった個人的な神様へのお願いから行く時と、おみこしや屋台の出る夏祭や秋祭といった年に数度の決められた日に行く時とに区別できます。とくに祭の時ばかりは、日頃は人影少ない境内も大変な賑わいを見せます。神社といえばすぐに祭を思い浮かべる人もいるかもしれません。

では祭とは何でしょうか。

大は長い歴史を持つ大きな神社の祭から、小は名もない道ばたの祠《ほこら》の祭までさまざまあり、おまつりの仕方もいろいろで、祭にはその土地ならではのそれぞれの特色があらわれています。さらには神社の祭だけでなく、仏様の誕生日の花祭《はなまつり》（灌仏会《かんぶつえ》）など、お寺にも祭はあります。ここでは祭にはいろいろと種類があるのだということに注意しながら、町や村で地域の住民が神社の氏子《うじこ》として行う点をとりあげます。なかでも今回はその土地の風土と暮らしのあらわれる民俗の点から、京都にみられる祭のいくつかを中心にみてみることにします。

(1) 氏子圏と信仰圏

例外もありますが、神社はそこをとりまく地域に住んでいる氏子《うじこ》の神様だと考えるのが普通です。神社は氏子たちによってまつられて守られるとともに、神社によって氏子の暮らしが守られてきました。現在、氏子の範囲（氏子圏）は、ほぼ大字《おおあざ》といわれる範囲と同じであるのが一般的です。一つの村がその村にある神社の氏子の住む範囲と同じになるわけです。これは明治になってから一村一神社の原則のもとに神社合祀政策が行われたためですが、数か村の集まりである郷《ごう》を氏子圏とするものもあれば、逆に小字などの村内の一地区に限られたものもあります。また、同じ祖先をもつ家々（同族）だけで神様をまつっている場合もあります。さらには、大小さまざまな氏子の範囲が重層する二重氏子といった複雑な信仰をもつ場合もあります。

浦島太郎《うらしまたろう》の伝説があり、玉手箱も伝えられている丹後の宇良《うらの》神社（京都府伊根《いね》町）でも二重氏子はみられます。宇良神社は筒川《つつかわ》庄の鎮守社と伝えられる古いお社であり、江戸時代の氏子圏は近隣十三か村におよんでいました。現在は六か村となっていますが、それらの氏子の村では自分たちの村の氏神の祭（地下《じげ》祭）をすると同時に宇良神社の祭にも従事します。宇良神社の祭ではそれぞれの村の氏子が太刀振（棒や刀を振る芸能）と花踊（太鼓の囃子《はやし》で小唄の歌い踊り）をはなやかに競いあって演じます。氏子には、村の氏子として地下祭を行う顔と、近隣の氏子とともに宇良神社の祭を行う顔と、二つの顔があるわけです。

この宇良神社には先に説明した例大祭とはさらに別の祭があります。延年《えんねん》祭というお祭で、削掛《けづりかけ》の福棒（木の先を細く削いで房状にしたものをいうが、ここでは太い棒に仕立てる棒）や花を奪い合ったところから棒祭とも福祭ともよばれた祭です。

この祭は修正会《しゅしょうえ》（お正月にお寺で行われる年始の法会）を民俗化したもので昔から多くの人が参拝します。この祭そのものは、宮人と称する三野《みの》氏一統による宮座の祭なので他の氏子はまったくかかわらず、単に参拝するだけです。つまりここには、氏子による例祭のほかに、特定の家筋だけで構成する宮座の祭が混在しているのです。

複雑な信仰圏の例として、古いお祭の伝統をもつ摩気《まけ》神社（京都府園部《そのべ》町竹井）があります。江戸時代には摩気郷十一か村とよばれた郷のなかの総鎮守（その地域で一番大きな神社）で、祭には今もなお七か村（大字）が参加します。郷というのは、村々の大きな集まりを意味する言葉で、郷のなかにいくつもの村があります。摩気神社は郷の総鎮守ですから、村々にまたがる広い範囲で信仰されていたわけです。

その郷のなかの一村である仁江《にえ》での氏子と祭の関係をくわしくいいますと、ここには苗字《みょうじ》や先祖を同じとする同族祭団が七グループ（七株）あってそれぞれにモリサン（山の神とも）とよぶ神をまつります。一つの村のなかで苗字別に七つにわかれてそれぞれが山の神をまつっている状態です。その上、その七株のうちの五苗《ごみょう》（五姓）で宮衆という座を構成して村の神様である村氏神の蛭子《ひるこ》神社の祭祀に当たっています。さらにそれとともに、摩気神社の祭祀集団（祭の行事を執り行うグループ）として流鏑馬《やぶさめ》その他の所役を担当します。つまりここには三つのレベルの祭があって、しかもそれが重層しているのです。

このように祭にもいろいろなタイプがあり、しかもそれが重層し、あるいは複合する場合が少なくありません。祭を調べるにはまず、対象とする祭がどの神社の祭であるかを理解し、その上で祭祀組織や神事、混在し複合する祭同士のかかわり合いをとらえることが必要です。

鎮守の祭とみえて実は別の祭神をまつるものもあります。今宮《いまみや》神社（京都市北区）のやすらい花は、「やすらへ、花や」と繰り返しながら村が疫病《えきびょう》にならないように踊るもので、重要無形民俗文化財に指定されている風《ふう》流《りゅう》囃子《はやし》物《もの》です。しかしそれは境内にまつられる疫《えき》神社にかかわるもので厳密に言うと今宮の祭ではありません。

京都市左京区八瀬《やせ》の赦免《しゃめん》地踊《ちおどり》の場合も同様です。八瀬天満宮で行われるので、一見天満宮の祭のようですが、実はそうではありません。江戸時代に八瀬で山の境界をめぐって争いが起きたときに村人の味方となってくれた但馬守《たじまのかみ》秋元喬知《あきもとたかとも》という恩人をまつる境内摂社の秋元神社の祭が八瀬の赦免地踊なのです。

「○○神社だから、その神社の祭で、そこの氏子さんがみんなでやっている」と単純に決めつけず、ひとつひとつの祭を注意深く観察しましょう。

(2) 祭の形態と神祭事

ここまで、神社の祭と土地の人との複雑な関係をみてきましたが、ここからは祭のなかの時間の流れをみてみます。

祭は前日の宵《よい》祭と本祭の二日にわたるのが普通です。祭の中心は総代《そうだい》以下氏子の代表者が集まり、神職によって執り行われる祭典にあります。祭典はまず身を清める修祓《しゅばつ》（お祓《はら》い）にはじまります。修祓を終えたら神殿へと向かい、本殿の扉を開く開扉《かいひ》に始まり、神様にお酒や食べ物（神饌《しんせん》）を捧げる献饌《けんせん》、次に布などの贈物である幣帛《へいはく》の奉献《ほうけん》を行います。本殿前に色とりどりの食べ物や贈り物が並んだところで、神様に対して唱える祈りである祝詞《のりと》を神職が奏上《そうじょう》します。次に榊《さかき》の枝に麻や紙垂《しで》をつけた玉串《たまぐし》を代表者が神前に奉る玉串奉奠《ほうてん》がなされます。そして、元の状態へ戻すために神饌を下げる撤饌《てっせん》、最後に戸を閉める閉扉《へいひ》となって終わります。これは神前の祭の一般的な順番ですが、多くは神社神道による祭式として決められたもので、神社による特徴的な違いはありません。

ただし神前の供物には注意が必要です。その祭にのみ作られる供物に特別な食物を用いたり、作り物化した特異な形態の神饌を供えることがまま見られるからです。いわゆる特殊神饌とよばれるもので、失われた古い文化やその系統を伝える重要なてがかりとなるものです。

こうした祭典だけの祭も少なくありませんが、今ふつうに目にする祭でもっとも知られているものは神幸祭《しんこうさい》です。神幸祭は神輿《みこし》等が氏子地区を巡幸《じゅんこう》することを特徴とします。神幸（神輿の巡幸）と還御《かんぎょ》（神輿の帰り）が一日のうちに終わるものと、神輿が御旅所《おたびしょ》にとどまって祭られ、別の日に還御するものがあります。京都市右京区の松尾大社の祭は一か月にもわたりますが、祇園《ぎおん》祭の場合は七日間とさまざまです。

神輿が渡御《とぎょ》する（神社から出る）日を前祭《さきのまつり》、御旅所を出て氏子地区を巡幸しもとの社に還御する日を後祭《あとのまつり》といいますが、この場合後祭が重んじられます。人々が目を奪われるのは華やかなその巡幸で、神輿を中心とする神幸列に加え、山鉾《やまぼこ》や屋台・練物《ねりもの》等の集団が付き従う壮麗なものも少なくありま

図5－1　特殊神饌（京都府丹後町の竹野神社祭）

せん。行列の構成やそれを担当する組織に注意するのはもちろんですが、それらが通る道筋と駐輦《ちゅうれん》する（たちどまる）場所やそこでの様子を見過してはなりません。

たいてい神幸の順路はだいたい定まっていますが、そこに古風をのぞかせるものも少なくありません。岐阜県垂井《たるい》町の南宮《なんぐう》大社の大祭は、神幸祭に蛇山《じゃやま》とよぶ大山《おおやま》とそれを囃《はや》す車楽《だんじり》がセットで出る数少ない祭です。巨大な大山の屋上で舞わされる蛇（竜頭）は蛇池より降臨したものとされます。蛇の扱いはとても厳密で、本楽（本祭）の日の丑《うし》三つ時に本社より笛・太鼓に囃されつつ蛇道という特別な道を通って大山に装着されます。

京都府亀岡市薭田野《ひえたの》の薭田野神社の夏祭は、予祝《よしゅく》（その年の豊作をあらかじめ祝うこと）の意をこめた作り物で飾る風流灯籠の祭事で知られます。神聖な田んぼである斎田《さいでん》に蒔《ま》かれた薭・稲・麦・粟・大豆の五穀の実生を神輿に遷して巡幸し、以前は深夜に菰《こも》川という川の流れを練《ね》り下って本社へ還御しました。

また、京都府夜久野《やくの》町額田《ぬかだ》の諏訪《すわ》神社の秋祭では一本の柱が氏子地区を練ります。この柱には神が依り、古くはその意志のままに所かまわず動き廻り家々にやってきたといわれます。それに備えて現在でも、氏子は家ごとに表を開いて座敷を飾り、町々では秋の収穫物で拵《こしら》えた作り物を飾って待ち受けます。これらはともに神

図5－2　お旅所神事（京都府丹後町の竹野神社祭）

の送迎にかかわる祭事であり、そこに神の道が姿をあらわすのです。

神幸祭はまた、御旅所のたたずまいや祭事に特色を伝える場合が多いです。御旅所はもともと神を迎えて祭るところであったと考えられるもので、その根底には神は祭に当たって去来する（やって来て、帰る）という古来の信仰が流れています。それがあらわれるわけで、独自の神迎えやそのあらわれである依代《よりしろ》（神様が宿っていると考えられるもの）や、依代をめぐってくり広げられる祭事や芸能その他の賑わいの行事に注意する必要があります。また、特別視される山や川あるいは木や石・塚等の有無、屋形等の諸施設、普段は見られない臨時の設営物に目を配り記録することを忘れてはなりません。

いろんなことにせっかく注意したのに、忘れたり記憶違いをしないように全部を書き込める平面図をつくってみるのもよいでしょう。

(3) 宮座の祭祀と神事

一般の氏子とは別に、特定の家や家筋が祭祀組織のなかで特別な役割を世襲し、あるいはそれらの集団が交代で勤めたりする祭があります。宮座祭祀《みやざさいし》といわれるものです。また、祭の役を氏子全体が家または組単位で交代に勤める頭屋《とうや》（当屋とも）制もあります。宮座とは原則的には、構成員が神前で共同で祭祀を営む制をいいます。宮座のはじまり、歴史、しくみなどは、はっきりわからないことが多いのですが、中世後期から近世にかけての村落において重要な役割を果たしたことは確かです。そして、歴史的に注目すべき神祭がいまも広く行われているのです。

京都府宇治田原町《うじたわら》の三社祭は、氏子圏を異にする大宮以下の三社の祭で、三社の神輿が御旅所（居場という）に渡御し、三夜を過ごして還御《かんぎょ》します。お帰りすなわち還幸祭が本祭日で、三社に分属する十五の宮座の衆が参集してそれぞれに幕屋（いまテント）を構えて一座し、シュウシと称する饗応《きょうおう》の宴をはります。そしてその目前で、祭典のあとまず馬駆《うまかけ》、ついで舞物を役とする四座による細男《せいのお》・王の舞・獅子舞・田楽が演じられ、再び馬駆があってのち還御となります。職能ごとに分化した形態の宮座の例ですが、そうした宮座は若狭（福井県）や近江（滋賀県）など近畿地方にはやく展開しており、近江では神前で一座する風がなお広く認められます。それに対し、そうした神事芸を座衆が年齢順に担当する場合もあります。

宮座は座に加入した順にいくつかの頭役を勤め、若衆・中老衆といった組織を経てオトナ（長老衆）に至り、鎮守の運営に当たる年齢階梯的組織となっているのが普通です。兵庫県社町《やしろ》上鴨川の住吉神社秋祭は重要無形民俗文化財に指定された「神事舞」で知られますが、その祭と芸能は、若衆座—清座《きよざ》—年老座《ねんろうざ》—横座《よこざ》とつながる年齢階梯による宮座の制で伝えられ、若衆座が中心になって執行されます。若衆座は八歳から二五歳までの長男のみで構成される座であって、トップ二名が神主と禰宜《ねぎ》役、三番目がその控え、四・五番目が頭屋と副頭屋の役を勤め、芸能も役の軽重と難易度におうじて配役されることになっています。

そうした頭役のうち特に重要なものに司祭役があります。一年神主（普通の神社の神職とは違い、その年の祭の時だけ神職のつとめを行う人）とよばれるものですが、その名称は、太夫《たゆう》、祝《はふり》、禰宜、社家《しゃけ》、神主などさまざまです。なかには神に代わり神そのものともなる場合がありますが、頭人には厳しい物忌《ものい》みや精進潔斎《しょうじんけっさい》が課されるのが普通で、また、頭屋の門先などに神霊が一定期間とどまる臨時の施設が設けられます。オハケとかオカリヤ、オダンなどといわれるもので注意を要します。さらに頭役には、神に供える神饌の調進が主たる役となり、神饌造りとその奉献が最大の行事となっている場合もあります。神饌は米とそれを加工した酒や餅《もち》が多いですが、里芋《さといも》などもよく使われます。餅は四角にしたり、円錐形にしたり、動物の形などに造られることもあります。神饌は誰がいつどこで造るか、撤饌後それがどう処理されるか、座の饗宴《きょうえん》との関連にも目を配り記録しておきたいものです。

図５－３　宮座の饗宴（兵庫県社町上鴨川の住吉神社祭）

図５－４　女座のゑびす神楽（京都府山城町の涌出〈わくで〉宮）

宮座の祭祀は例祭のほかに、さまざまな祭を月次《つきなみ》（毎月同じ日）に行うものが多くあります。それと入座式やオトナ入りの行事等が重なることも多く、年頭などには例祭以上に重要な祭事を行う祭も少なくありません。したがって、宮座祭祀は年中祭祀の実際のみでなく、それら相互のかかわりに注意をはらって総合的に把握するよう努める必要があります。なお、それらの祭には在俗の（職業的宗教者ではない）女性が関与することがあります。ミコ、イチ、ミカンコなどとよばれる存在で、湯立や舞の役を担当するだけというのが多いですが、かつては神事の中心的役割を担っていた形跡があるので注意しましょう。

（植木行宣）

地域の人間にとって森とは何だろうか

森はわたしたちにとって、どういう意味があるのでしょうか。この場合「わたしたち」と一口にいいますが、次のような人々の立場によって、森の受けとめ方は違ってくるでしょう。

①先祖伝来の土地に住んでいる

こういう人は「森のある神社の氏子である」という意識があるでしょう。あるいは現に氏子として行動しているでしょう。心の底に森にたいする畏敬《いけい》の念があるのではないでしょうか。

②この土地に住んで新しく近くに森がある

森にたいする特別の意識はなくても、子どものときに遊んだという記憶があるでしょう。また外から家に帰ってきたとき森を見てホッとするでしょう。現に窓をあけると森の緑が見え、鳥が鳴き、木蔭をつくり、涼しい風が吹くという恩恵があるでしょう。

③この土地に住んで新しいが近くに森がない

森にたいする意識はまったくないかもしれません。しかし正月に初詣にいってみようとおもうこともあるでしょう。お祭があるときは覗《のぞ》いてみようと考えることはないでしょうか。また知らない土地を歩いているとき森が目印になったり、森のある町へ行ったとき「緑が多くていいなあ」と羨《うらや》ましくおもうこともあるでしょう。そしてたまたま森へ入ったとき心が癒《いや》されることもあるでしょう。

以上のように立場は異なっても、いろいろな形で森はわたしたちの意識や生活のなかに入り込んでいるのではないでしょうか。そのことを反芻《はんすう》し、そして森の意味を深く考えることが大切です。そして意識して行動するようになると「わたしたちの祖先は森の民だったんだ」ということがあまり疑問なく受け入れられるようになるのではないでしょうか。

みなさんのなかには、これまであまり森とのかかわりがなかった人もいるかもしれません。また、みなさんが調べた森は、町のなかに残された、小さな木立のかたまりのような森かもしれません。

あるいは「鎮守の森」はみなさんにとっては、本や映画のイメージのなかだけにあるものかもしれません。しかし今まで、「森のいろいろな顔」を調べてみて、森のイメージは変わりませんでしたか。そのことをみんなで議論してほしいと思います。

（春田由貴子）

付録

1. 森の見方・調べ方用語解説
2. 「鎮守の森等」の悉皆調査
3. 植生調査票

●森の見方・調べ方用語解説

1 森と林（全章）

森も林も樹木や草本で構成される集団をさし、同じ意味に用いられることがありますが、公園の疎林や優占種で代表される樹林（たとえばコナラ林）を林とよぶことが多く、複数の樹木で構成されたこんもりとした群落を森とよび、さらに広がりをもった集団を森林とよぶことが多いようです。

（菅沼孝之）

2 遷移《せんい》と極相《きょくそう》（第3章）

たとえば、近畿地方の平坦地で、畑の耕作を放棄すると、雑草群落からやがてアカマツ林またはコナラ林ができ、しだいに常緑広葉樹林へ変化します。これら一連の現象を遷移といい、その土地の環境条件とつりあって形成される終極的な群落を極相または安定相といいます。わが国は降水量が多いので、極相はほとんどのところで森林となるので、そのような森林を極相林とよんでいます。遷移の初期のスピードは早く進みますが、極相に近づくにつれてゆっくりとなり、裸地から出発したばあい、極相林に到達するのに約七〇〇年かかるといわれています。

（菅沼孝之）

3 照葉樹林《しょうようじゅりん》と夏緑樹林《かりょくじゅりん》（第3章）

暖温帯の極相林で、樹林をつくる樹木の多くはヤブツバキの葉のように、テカテカと光っている葉をもっている照葉樹で構成されるので、照葉樹林とよばれています。代表的な森林はクスノキ、シイ、カシなどからなる常緑広葉の森林です。

（菅沼孝之）

4 マント群落とソデ群落（第3章）

森の周囲にマントをつけたようにとりまく樹木群をマント群落（単にマント）といいます。さらにその下方をとりまくササや低木の植物群をソデ群落（単にソデ）といいます。マント・ソデ群落は森のなかへ吹き込む強風から林内を守りますし，林床の湿度を保つ大切な役割をしています。

（菅沼孝之）

5 植被率《しょくひりつ》と被度《ひど》（第3章）

植被率は調査面積を種類にかかわらず占めている面積の百分率で、「一〇〇-植被率」は草本層であれば裸地率で、高木層であれば空間率（天空が見える割合）になります。上層が密生している場合の林内は暗くなります。被度はある種が調査面積を占めている割合で、現地での調査では被度パーセントを六階級に分けて記録します。被度階級値と被度パーセントの関係は第3章8　114ページの通

りです。（菅沼孝之）

6 林床《りんしょう》と土壌動物（第3章・第4章）

森林のなかの地面を林床とよびます。林床には樹木や草本が生育し、地面には落葉が積もり、湿り気があって薄暗い世界というイメージですが、土壌の表層近くには多くの種類の微生物や動物が生活していて、この生物群を土壌動物とよびます。（菅沼孝之）

7 植物相と動物相（第3章・第4章）

ある時代、ある範囲の地域に生育している全植物種のリストを植物相（フローラ）といい、同じくある時代、ある範囲の地域に生存している動物種（ファウナ）のリストを動物相といいます。（菅沼孝之）

8 群落と共生（第3章）

群落は植物群落のことをさします。同一の場所で一緒に生活している植物集団の単位です。同じような立地では、相観・構造・組成がよく似た群落がみられるはずです。動物は植物に食餌や棲《す》みかを依存することが多いですが、なかには植物から餌《えさ》をもらい、種子を遠方へ散布したり、花の蜜をもらう代償に受粉の手伝いをするといった共生関係にあるものもみられます。（菅沼孝之）

9 神奈備《かんなび》山と遥拝《ようはい》（第2章・第5章・第6章）

神奈備は神名樋・神名火などとも書き、神の鎮まる聖なる山や森をいいます。神奈備山とは神体山で、奈良県桜井市三輪に鎮座する大神《おおみわ》神社の神奈備山＝三輪山はその代表的な山です。円錐形の標高四六七メートルの三輪山には、聖なる石の奥つ磐座《いわくら》・中つ磐座・辺つ磐座の磐座群があります。本殿はなく、三輪鳥居と拝殿から遥拝します。神奈備山を仰ぎ祭る信仰では本殿のない形が本来のありようです。（上田正昭）

10 禊《みそぎ》と祓《はらい》（第5章・第6章）

身体の付着したケガレを洗い清めて清浄にすることを禊といいます。身滌《みそそぎ》の略という説が有力です。祓は解除とも書き、ツミやケガレを取り去って災厄《さいやく》を除くことを目的としています。ツミ・ケガレの消滅を目的とする消極的な禊を善解除、除災招福を目的とする積極的な祓を悪解除といいます。祓には祓具（贖物《しょくぶつ》・人形）を用意します。祓戸神《はらいどのかみ》としては瀬織津比咩《せおりつひめ》・速開都比咩《はやあきつひめ》・気吹戸主《いぶきどぬし》・速佐須良比売《はやさすらひめ》の四神をまつるのが古例です。『古事記』『日本書紀』の神話ではイザナギ・イザナミ（伊邪那岐・伊弉諾）ノミコトが、黄泉《よみ》の国を訪問して、筑紫の日向の橘の小戸で海潮で身を清めた禊・祓に由来すると伝えています。中国の古典にも「祓除」や「春禊」などの記事がみえます。神社に参詣する場合、社頭で手を清め、口をすすぐ水を御手洗といい、それが水流であるさいには、御手洗川といいます。御手洗川には祓川・禊川とよばれる例があります。

（上田正昭）

11

境内と広場（第2章・第5章・第6章）

境内は境内地あるいは神地ともいいます。古くは四至といわれ、神の鎮座する土地のことで、広く山や森がその対象とされました。しかし明治四年（一八七一）の「社寺領上地令」によって、境内は社殿の敷地と、祭などがおこなわれる狭い範囲の土地に限定され、山や森の多くが国に編入されました。現在の「宗教法人法」によると、境内は、社殿等の敷地、参道、祭などのおこなわれる土地、庭園、山林、神社とゆかりのある場所および防災上必要な土地となっています。

一方、手水舎の前面や、またその奥の神殿の前面には、参拝や祭などがおこなわれるための広い場所があり、しばしばそこが境内、広場、神地外庭・内庭その他の呼称でよばれていますが、以上の趣旨から本書では「広場」と統一してよぶことにしました。

（上田　篤）

12

カミと神（第5章・第6章）

神々の神格は多様で、アニミズム（精霊崇拝）的な「タマ」「モノ」のカミもあれば、霊威神・祖先神・職業神・常世《とこよ》神・今來《いまき》神（新しい渡来神）・怨霊《おんりょう》神などの神もあります。氏族の祖先神としての血縁的な氏神もあれば、それぞれの生まれ故郷あるいは居住の地域の守護神としての産土神も鎮座します。海・山・鳥獣草木のたぐいの神から人間神など、日本の神々は多彩です。

（上田正昭）

13

主神と客神（第5章・第6章）

神社の祭神には、その中心としてあおぎまつる主神と、これに配祀する相殿神《あいどののかみ》や客神があります。日本の神祇信仰では異郷から来臨する客神を重視しました。折口信夫《おりくちしのぶ》博士はこれをまれびとの信仰として注目し、折口古代学のキーワードのひとつとなりました。仏教受容の段階では、仏を「隣国の客神」とか「他国神」などと表現しています。

（上田正昭）

14

摂社と末社（第5章・第6章）

本社ゆかりの社で、本社と末社の間に位置する社を摂社とよんでいます。摂社と末社は混用して使われてきましたが、明治四年（一八七一）に官国幣社・府県社・郷社の社格が定められて、一、本社祭神の后神、御子神、その他由緒ある神、一、祭神現在地に鎮座せざる以前、その他由緒ある神、一、本社祭神の荒魂、一、本社の地主神、

一、その他特別の由緒あるものを摂社とし、その他を末社としました。摂社には境内に鎮座する境内摂社と境外にある境外摂社とがあります。　（上田正昭）

15

小宮（小祠）と霊蹟（第2章・第5章・第6章）

古い社叢には、小さな祠（小宮とよばれる場合があります）やかつての社殿あるいは祭祀に関係のある工作物などの遺跡の残っている例があります。また神まつりゆかりの塚とか古墳あるいは祭祀遺物や伝説に関係のある岩石などが保存されていたりします。これらの小祠や霊蹟も社叢の歴史や文化と関係があります。　（上田正昭）

16

官祭と民祭（第5章・第6章）

明治四年（一八七一）に官国幣社と府県社・郷社の社格が定められ、翌年から別格官幣社と村社の社格が明確になりました。そして明治六年（一八七三）のころからは無格社という社格が村社の下に設けられました。これらの無格社以上の社が政府公認の神社でした。官幣社は幣帛《へいはく》が神祇官から、国幣社は国司から供進されましたが、明治初頭の神祇官は神祇省さらに教部省となり、ついには内務省が神社を管理するようになって、官幣・国幣の別はあいまいになりました。しかし官幣社へは宮内省から、国幣社の新年・新嘗《にいなめ》の両祭は官幣社と同じでしたが、国幣社の例祭・本殿遷座祭には国庫から幣帛が供進されました。昭和二十六年（一九五一）四月の宗教法人法および同年五月の宗教法人登記規則の公布によって官社（官国幣社・別格官幣社）と民社（府県社以下）との別はなくなりました。国家・政府の執行する官祭は、政教分離によって消滅しました。　（上田正昭）

17

神職と氏子（第5章・第6章）

古い時代には、祭儀を司る者を禰宜《ねぎ》あるいは神主、祈願を主とする者を祝《はふり》などとよんでいましたが、現在の神職の職制は宮司・権宮司・禰宜・権禰宜・出仕となっています。宗教法人法の施行によって社司・社掌の名称はなくなってすべて宮司とよぶようになりましたが、小規模な神社では宮司のみが奉仕し、ひとりの宮司が多数の社の宮司を兼ねている例もかなりあります。神社を奉斎し祭祀してきた地域の住民を氏子とよび、神社規則では代表役員一名、責任役員数名をおくことになっていますが、代表役員には宮司が就任している例が多く、責任役員は氏子の総代あるいは崇敬者から選ばれています。氏子の代表である総代は、神社のまつりや維持・運営に協力してその管理の責任をになっています。神職と氏子のつながりは、たえず密接であることが大切です。　（上田正昭）

「鎮守の森等」の悉皆《しっかい》（全数）調査（案）

0　調査を始める前に

①　「鎮守の森等」の名前（例、○○の森、○○神社社叢、○○寺有林等）
（　　　　　　　　　　　　　　　　　　　　　　　　）
②　調査日（H　　年　　月　　日～　　年　　月　　日）
③　調査者氏名・職業等（　　　　　　　　　　　　　　　　）
④　被調査者（協力者）氏名・役職等（　　　　　　　　　　　　）
⑤　その他特記すべき事項（　　　　　　　　　　　　　　　）

1　鎮守の森等の類型

①　鎮守の森
②　ウタキ
③　鎮守の森、ウタキを除く社寺林
④　塚の木立
⑤　その他（　　　　　　　　　　　　　　　　　　　　）

2　鎮守の森等のある江戸時代末ごろの住所

（　　　　国　　　　　郡　　　　　町村浦　　　　　字　　　）

3　鎮守の森等のある現住所

（　　　　都道府県　　　　市郡　　　　区町村　　　　　）

4　鎮守の森等のある市区町村

①　村
②　町
③　人口5万未満の市
④　人口5万以上10万未満の市
⑤　人口10万以上20万未満の市
⑥　人口20万以上で非中核都市、かつ、非政令指定都市
⑦　中核都市
⑧　政令指定都市（次の区名も記入する）
⑨　区名（　　　　　　　　　　　　）

5　市区町村の立地する地勢

①　山地
②　谷、盆地
③　平野
④　沿岸
⑤　島、州島、岩礁

6　鎮守の森等の立地する地形

①　山の頂上付近
②　山の中腹
③　山麓
④　谷地
⑤　舌状台地
⑥　扇状地
⑦　断層崖
⑧　段丘

⑨ 自然堤防
⑩ 三角州（田園地帯）
⑪ 集落内（隣接を含む）
⑫ 市街地内
⑬ ビルの谷間
⑭ 浜
⑮ 海岸・湖岸の崖
⑯ 岬の先端
⑰ 岩礁または小島
⑱ その他（　　　　　　　　　　　　　　　　）

7　鎮守の森等の存在感

① 森が市街地のなかに位置していて、都市のシンボルになっている
② 森が市街地のなかに位置していて、その存在がよくわかる
③ 森が郊外に位置していて、その存在がよくわかる
④ 森が田園に位置していて、その存在がよくわかる
⑤ 森が山麓に位置していて、その存在がよくわかる
⑥ 森の存在が周囲の風景にとけこんでよくわからない
⑦ 森の存在がまわりのビルなどに囲まれてよくわからない

8　存在感のある自然環境（該当するものをすべてチェックする）

① 近くに神体山がある
② 近くに小山や小丘がある（神体山かどうか不明）
③ 神殿の背後に川がある
④ 神殿の背後に海がある
⑤ その他（　　　　　　　　　　　　　　　　　　　　　　　　　　）

9　境内地（社域）の面積（端数切捨て）

① 100ha（30万坪）以上
② 99～10ha（3万坪）
③ 9～1 ha（3000坪）
④ 0.9～0.1ha（300坪）
⑤ 999～100㎡（30坪）
⑥ 100㎡未満

10　うち森の面積（歩測または航空写真等による判断も可）

① 100ha（30万坪）以上
② 99～10ha（3万坪）
③ 9～1 ha（3000坪）
④ 0.9～0.1ha（300坪）
⑤ 999～100㎡（30坪）
⑥ 100㎡未満

11　境内地に占める森の面積率（端数切捨て）

① 80％以上
② 79～60％
③ 59～40％
④ 39～20％
⑤ 20％未満

12　境内地のなかの森等の種類（該当するものをすべてチェックする）

① 柵、標識等によって人々の出入りを禁じている森（「入らずの森」または「禁足林」）がある

② 人々が出入りを自粛している森がある
③ 森があるが特に人々の出入りを制限していない
④ 神殿の背後に木立ちがある
⑤ 過去に以上の森や木立ち（「神体林」）があったが今はない
⑥ 「御神木」がある
⑦ 神殿や神体林の後背等に以上の森以外の樹林があり、用材林、薪炭林、果樹林等の生産林、水源涵養林、砂防林等の保安林、庭園林、街路樹等の風致林などとして活用されている

13 神体林の面積

① 100ha（30万坪）以上
② 99～10ha（3万坪）
③ 9～1 ha（3000坪）
④ 0.9～0.1ha（300坪）
⑤ 999～100㎡（30坪）
⑥ 100㎡未満

14 境内地に占める神体林の面積率（端数切捨て）

① 80％以上
② 79～60％
③ 59～40％
④ 39～20％
⑤ 19～10％
⑥ 10％未満

15 神（仏等）のタイプ（主神は◎　その他該当するすべての神は○とする）

① 太陽や月など天体に関する神
② 土、火、水、雨など自然現象に関する神
③ 山、河、池、石など地形に関する神
④ ヘビ、ワニ、竜、木など動植物に関する神
⑤ アメノミナカヌシノカミなど天地創造に関する神
⑥ タケミカズチノミコトなど霊能に関する神
⑦ コトシロヌシノミコトなど職能に関する神
⑧ トヨウケオオカミなど食物に関する神
⑨ アマテラス、応神天皇など皇室ゆかりの神
⑩ アメノコヤネノミコト、祖先など氏族等の祖神
⑪ オオクニヌシノミコトなど国土開拓の神
⑫ 柿本人麻呂など学問・文化の神
⑬ 藤原鎌足など功労者の神
⑭ 菅原道真などの御霊
⑮ その他（　　　　　　　　　　　　　　　　　　　　　　　　　　　　）

16 15のうち、民間の神（山の神、海の神、水の神、道祖神、地主神、氏神、家の神、竈の神、七福神、鬼、その他民俗的な神）のタイプと名前

タイプ（　　　　　　　　　　　　　　　　　）名前（　　　　　　　　　　　　　　　　）
タイプ（　　　　　　　　　　　　　　　　　）名前（　　　　　　　　　　　　　　　　）

タイプ（　　　　　　　　　　　　　　　　）名前（　　　　　　　　　　　　　　　　）
タイプ（　　　　　　　　　　　　　　　　）名前（　　　　　　　　　　　　　　　　）
タイプ（　　　　　　　　　　　　　　　　）名前（　　　　　　　　　　　　　　　　）

17　鎮守の森等の創祀年代（伝承を含む）

① 弥生時代以前
② 古墳時代
③ 飛鳥・奈良時代
④ 平安時代
⑤ 鎌倉時代
⑥ 南北朝・室町時代
⑦ 安土・桃山時代
⑧ 江戸時代
⑨ 近代
⑩ 不明

18　鎮守の森等の移動経歴（該当するものをすべてチェックする）

① 最初から現在地を動いていない
② 最初は山にあったが現在地に移った
③ 最初は別のところにあったが、時の権力や法令などによって現在地に移動させられた
④ 最初は別のところにあったが、災害や生産の事情等によって現在地に移った
⑤ 明治以降に新たにつくられた
⑥ 明治以降（昭和戦前まで）に規模が縮小させられた
⑦ 昭和戦後に規模を縮小させられた
⑧ その他（　　　　　　　　　　　　　　　　　　　　　　　　　　　　）
⑨ 不明

19　鎮守の森等の記録のある文献名（該当するものをすべてチェックする）

① 伝説
② 神話、縁起
③ 史書
④ 記録
⑤ 物語、草子
⑥ 歌集、句集、日記、随筆
⑦ 能、狂言
⑧ 歌舞伎、人形浄瑠璃
⑨ 講談、落語
⑩ 地唄、清元、新内等
⑪ 近代文学
⑫ その他

20　鎮守の森等の空間的構成（該当するものをすべてチェックする）

① 参道
② 自然水源（湧水、誘水、井戸等）
③ 水面（川、沼、池等）
④ 手水舎前広場（または神地外庭等）
⑤ 神殿前広場（または神地内庭、神庭、斎庭等）
⑥ ④と⑤の一体型
⑦ 主神や相殿神の神殿（ヒューマンスケールのもの）、小祠（ヒューマンスケールでないもの）、祠石等

⑧　主神や相殿神の神殿以外の社殿
⑨　摂・末社神等の社殿（ヒューマンスケールのもの）
⑩　摂・末社神等の小祠
⑪　摂・末社神等の祠石等
⑫　石、岩、木、塚等の霊跡
⑬　巡拝路
⑭　遥拝所
⑮　御神木
⑯　神体林
⑰　生産林
⑱　保安林
⑲　風致林
⑳　神体山（または神体となる川、滝等）
㉑　奥社（または山宮等）
㉒　お旅所（または里宮、田宮等）
㉓　駐車場
㉔　その他特記すべきもの（　　　　　　　　　　　　　　　　　　　　　　　　）

21　参道

①　昔の街道から始まる古い参道が残っている
②　昔の街道から始まる古い参道がところどころ残っている
③　参道は現在の公道から始まっている
④　森は公道に接しているだけで参道はない
⑤　森には私道でしかゆくことができず、参道はない
⑥　海、湖または浜から参るので参道や私道はない
⑦　その他（　　　　　　　　　　　　　　　　　　　　　　　　　　　　　　）

22　水源（手水舎の水）の種類

①　湧水や誘水による
②　川による
③　井戸による
④　水道による
⑤　水道以前は湧水や誘水によっていた
⑥　水道以前は川によっていた
⑦　水道以前は井戸によっていた
⑧　水道以前は不明

23　水面の種類（該当するものをすべてチェックする）

①　川
②　池

③ 沼
④ 湧水の溜まり
⑤ 昔、川があったが埋まってしまった
⑥ 昔、池、沼があったが埋まってしまった
⑦ 昔、湧水の溜まりがあった
⑧ 昔も今も、川、池、沼、湧水の溜まりはない
⑨ 今は水面はないが、昔は不明

24 玉砂利の舗装の有無（一部でも敷いてあればチェックする）

① 参道
② 手水舎前広場
③ 神殿前広場
④ 巡拝路
⑤ その他（ ）

25 霊跡の種類と名前（該当するものをすべてチェックする）

① 樹木または木立
② 石畳、石組等
③ 岩、自然石
④ 水面
⑤ 塚
⑥ その他（ ）

26 遥拝所の遥拝の対象（該当するものをすべてチェックする）

① 山
② 岩、磐座
③ 川
④ 海
⑤ 古墳、墓地等
⑥ 他の社、その名前（ ）
⑦ その他（ ）

27 神体林の主要構成種

① 常緑広葉樹（照葉樹）
② 落葉広葉樹
③ スギ・ヒノキ以外の針葉樹
④ スギ・ヒノキ
⑤ ①と②の混合
⑥ ①と③の混合
⑦ ①と④の混合
⑧ ②と③の混合
⑨ ②と④の混合
⑩ ③と④の混合
⑪ ①と②と③と④の混合
⑫ その他（ ）

28 植栽林の主要構成種

① 常緑広葉樹（照葉樹）
② 落葉広葉樹
③ スギ・ヒノキ以外の針葉樹
④ スギ・ヒノキ
⑤ ①と②の混合
⑥ ①と③の混合
⑦ ①と④の混合
⑧ ②と③の混合
⑨ ②と④の混合
⑩ ③と④の混合
⑪ ①と②と③と④の混合
⑫ その他（ ）

29　神体林の階層構造〈その１〉発達状態

① 超高木層をふくむ高木層、亜高木層、低木層、草本層を区別でき、森はよく発達している

② 低木層を欠くが、高木層、亜高木層、草本層は発達している

③ まばらな高木層のみで、林床は裸地が多い

④ 高木層を欠き、まばらな低木層と草本層のみである

⑤ 高木層、低木層にササやツル性植物がからんで、樹木の生育が圧迫されている

⑥ その他（　　　　　　　　　　　　　　　　　　　　　　　　　　　　　）

30　神体林の階層構造〈その２〉樹高（m）と植被率（％）

① 超高木層（高さ20 m以上）	高さ	m、植被率	％
② 高木層（高さ10～20 m）	高さ	m、植被率	％
③ 亜高木層（高さ４～10 m）	高さ	m、植被率	％
④ 低木層（高さ0.5～４ m）	高さ	m、植被率	％
⑤ 草本層（高さ0.5 m以下）	高さ	m、植被率	％

31　神体林の階層構造〈その３〉構成樹種

① 超高木層　被度が大きい樹種３種（　　　　　　　　　　　　　　　　　　）

② 高木層　　被度が大きい樹種３種（　　　　　　　　　　　　　　　　　　）

③ 亜高木層　被度が大きい樹種３種（　　　　　　　　　　　　　　　　　　）

④ 低木層　　被度が大きい樹種３種（　　　　　　　　　　　　　　　　　　）

⑤ 草本層　　被度が大きい樹種３種（　　　　　　　　　　　　　　　　　　）

32　巨樹の有無

① 御神木　樹種（　　　　　　　　　）、胸高幹囲（　　m）

　　　　　樹種（　　　　　　　　　）、胸高幹囲（　　m）

　　　　　樹種（　　　　　　　　　）、胸高幹囲（　　m）

② 胸高幹囲３ m以上の巨樹がある。

　　　　　樹種（　　　　　　　　　）最大胸高幹囲（　　m）本数（　　）本

③ 胸高幹囲は３ m以下であるが老木がある。

　　　　　樹種（　　　　　　　　　）最大胸高幹囲（　　m）本数（　　）本

33　枯木、倒木の有無（該当するものをすべてチェックする）

① 最近10年間で老衰・競争・病気等による枯木が増えている

② 最近10年間で台風による倒木が増えている

③ 枯木、倒木はあまりない

34　陽性樹種（日当たりを好む樹木で、大きい木が倒れた後にいち早く生える落葉広葉樹）の有無

① 高木層に陽性樹種がある。
樹種（　　　　　　　）本数（約　　　本）
② 亜高木層に陽性樹種がある。
樹種（　　　　　　　）本数（約　　　本）
③ 低木層に陽性樹種がある。
樹種（　　　　　　　）本数（約　　　本）
④ 森の一角の倒木跡に陽性樹種が生育している。
樹種（　　　　　　　）本数（約　　　本）

35 モウソウチク・マダケ・ハチク の有無

① （　　　　　　　）の侵入がいちじるしい
② わずかではあるが（　　　　　　　）が侵入している
③ 森の周囲に竹やぶ（竹林）があり、侵入の恐れがある
④ 竹の侵入の恐れはない

36 外来植物（本来日本に自生していなかった植物）の有無

① 高木層に外来の樹種がある。樹種（　　　　　　　）
② 亜高木層に外来の樹種がある。樹種（　　　　　　　）
③ 低木層に外来の樹種がある。樹種（　　　　　　　）
④ 社叢の一角に外来樹種が植栽してある。
樹種のすべて（　　　　　　　）
⑤ 林床に外来の草本が生育している。
種類と量（　　　　　　　多い、少ない）

37 ツル植物の有無

① 高木層にツル植物が巻きついている。樹種（　　　　　　　）
② 亜高木層にツル植物が巻きついている。樹種（　　　　　　　）
③ 低木層にツル植物が巻きついている。樹種（　　　　　　　）
④ 草本層にツル植物が生育している。種類と量（　　　　　　　多い、少ない）
⑤ マント群落にツル植物が巻きついている。樹種（　　　　　　　）

38 マント群落（マントをつけたように森の周囲をとりまく樹木群）とソデ群落（森の外周の下部をとりまく低木の植物群）

① マントとソデの群落が完全に森を取り巻いている
② マント群落はよく発達しているが、ソデの群落は一部欠けている
③ マントもソデ群落も一部欠けている
④ マント群落はあるが、ソデ群落はない
⑤ マント群落もソデ群落もない
⑥ マント・ソデ群落が欠けている原因（　　　　　　　）

39　林床の状況（該当するものをすべてチェックする）

①　土がフワフワして湿っている
②　実生（樹木の子供）が生えている
③　ベニシダやイヌワラビなどのシダ植物が生えている
④　ワラビやゼンマイなどのシダ植物が生えている
⑤　ミミズなどの小動物、キノコ、ギンリョウソウなどの腐生植物が生えている
⑥　生育期間でも林床の草等が疎らで裸地が目立ち、土に湿気が乏しい
⑦　林床にササが密生している
⑧　①にササが混生している
⑨　⑥にササが混生している
⑩　林床は裸地または裸地に近く、土はパサパサである
⑪　その他（　　　　　　　　　　　　　　　　　　　　　　　　　　）

40　林床への出入り

①　林床へは車も人も自由に入れる
②　林床へは人は自由に入れる
③　林床へ入れないように柵等がある
④　林床を含む森に一切入れない
⑤　その他（　　　　　　　　　　　　　　　　　　　　　　　　　　）

41　林床の土壌の深さ（過去の試掘例などからの推定による）

①　１m以上ある
②　１mはないが50cm以上ある
③　50cmはないが10cm以上ある
④　10cm以下である
⑤　不明

42　虫などの状況

①　春にカエル、初夏にカジカ、夏にセミ、秋にスズムシなどがやかましいほど鳴く
②　虫やカエルなどがかなり鳴くほうである
③　虫やカエルなどはほとんど鳴かない
④　虫やカエルなどの鳴き声を聞いたことがない

43　鳥の状況

①　森のなかに鳥の巣を見かける
②　鳥の巣をときどき見かける
③　鳥の巣をたまに見かける
④　鳥の巣をぜんぜん見かけない

44　獣の状況

①　クマ、イノシシ、シカ、サル、タヌキ、キツネ、リス、イタチ、ネズミ、ヘビ、ムササビ、モモンガなどがときどき出没する
②　①のうち１～２種類の獣がときどき出没する

③　たまに野生の獣を見ることがある
④　野生の獣を見ることはほとんどない
⑤　捨て犬、捨て猫を見ることがある
⑥　その他見かけるもの（　　　　　　　　　　　　　　　　　　　　　）

45　その他の動物の状況

①　７月から９月ごろにかけて、セミの抜け殻が見つかる
②　４月から11月ごろにかけて、落葉の下などにダンゴムシが見つかる
③　枯木、朽木、倒木の下などに、ムシやトカゲ、ヘビ、キセルガイなどが見つかる
④　落葉の下の土を掘ると、さまざまなムシが見つかる
⑤　水のなかにアメンボやマツモムシなどの水生昆虫がいる
⑥　水のなかに魚がいる
⑦　その他特筆すべき状況（　　　　　　　　　　　　　　　　　　　　）

46　鎮守の森等の内外にある遺物・遺蹟の年代（該当するものをすべてチェックする）

①　旧石器時代または縄文時代
②　弥生時代
③　古墳時代
④　飛鳥・奈良時代
⑤　平安時代
⑥　鎌倉時代
⑦　南北朝・室町時代
⑧　安土・桃山時代
⑨　江戸時代
⑩　明治時代

47　鎮守の森等の印象的な風景、風物の状況（該当するものをすべてチェックする）

①　遠景から見たときの盛り上がったランドマーク性
②　正面から見たおごそかな姿
③　参道を歩くときの高まっていく心のときめき
④　手水舎の水の冷たさ、美味しさ、清々しさ
⑤　川や池などの水の動き
⑥　境内の心洗われる清浄さ
⑦　神殿などの古びた佇まい
⑧　神殿の奥に見える山、森、樹林等の厳かさ
⑨　森の深遠さ
⑩　絵になるような風景
⑪　春のサクラなどの花の移ろい
⑫　夏の深緑などの気の漲り
⑬　秋の紅葉などの色の照り映え
⑭　冬の積雪などの景の趣
⑮　静寂
⑯　葉ずれなどの風の音

⑰　メダカやカエルなどの発見
⑱　ホタルやトンボなどの円舞
⑲　スズムシなどの虫の音
⑳　ウグイスなどの鳥の声
㉑　可愛い動物の出現
㉒　その他（　　　　　　　　　　　　　　　　　　　　　　　　　　）

48　鎮守の森等のなかの「オソレ」を感ずる場所の有無（該当するものをすべてチェックする）

①　トンネルのように木々で覆われた参道
②　すっかり森に取り囲まれた広場
③　時間を忘れさせるような古めいた社殿
④　恐いものが棲んでいるような茂みの奥
⑤　驚くべき奇樹、天に伸びる巨木
⑥　恐ろしい岩
⑦　勢いのある滝
⑧　その他（　　　　　　　　　　　　　　　　　　　　　　　　　　）

49　自然災害の有無

①　第二次大戦前に崖くずれ、台風禍等の自然災害があった
②　第二次大戦後に崖くずれ、台風禍等の自然災害があった
③　自然災害はほとんどない
④　不明

50　周辺の開発等による公害の有無（第二次大戦後のもの、該当するものをすべてチェックする）

①　森の日照が奪われた
②　地下水位が低下した
③　汚水が流入した
④　悪臭、降下煤塵等が増えた
⑤　騒音がひどくなった
⑥　社域にゴミの不法投棄が行われた
⑦　景観が悪化した
⑧　風紀が悪化した
⑨　その他（　　　　　　　　　　　　）

51　境内地の移転または割譲（第二次大戦後のもの、該当するものをすべてチェックする）

①　道路、鉄道等の公共公益事業により移転させられた
②　公共公益事業により社域の一部を割譲させられた
③　現在、公共公益事業により社域の移転または一部の割譲を迫られている
④　土地区画整理により移転させられた
⑤　土地区画整理により社域の一部を割譲させられた
⑥　現在、土地区画整理により社域の移転または一部の割譲を迫られている

⑦　民間開発により移転させられた
⑧　民間開発により社域の一部を割譲させられた
⑨　現在、民間開発により社域の移転または一部の割譲を求められている
⑩　その他（　　　　　　　　　　　　　　　　　　　　　　　　　　　　　　）

52　神職（住職等）等の数

①　神職が10人以上専従している
②　神職が9～5人専従している
③　神職が4～2人専従している
④　神職が1人専従している
⑤　神職は他社と兼務している
⑥　神職が教員、公務員、農協役員、農業などを兼職している
⑦　当屋（頭座）神主が奉仕している
⑧　その他（　　　　　　　　　　　　　）

53　氏子（檀家等）世帯の数

①　5000世帯以上いるとおもわれる
②　1000世帯以上いるとおもわれる
③　100世帯以上いるとおもわれる
④　10世帯以上いるとおもわれる
⑤　10世帯未満とおもわれる
⑥　いない

54　附近の住民の協力や苦情（氏子を含む、該当するものをすべてチェックする）

①　森の清掃、植樹等に協力している
②　社域内に不法駐車が絶えない
③　落葉の苦情をもちこまれる
④　日照妨害の苦情をもちこまれる
⑤　賽銭泥棒が絶えない
⑥　道路や駐車場の要請が絶えない
⑦　その他（　　　　　　　　　）

55　氏子（檀家等）や森の立地する市町村民の協力等（該当するものをすべてチェックする）

①　祭への寄附、参加などに積極的に協力する
②　祭等に多少協力する
③　祭を多数見にくる
④　祭を少しは見にくる
⑤　正月に多数参拝する
⑥　正月に少しは参拝する
⑦　ふだんもよく参拝する
⑧　ふだんも少しは参拝する
⑨　七五三などによく参拝する
⑩　祭以外の行事によく参加する
⑪　結婚式、お祓い等に参拝する
⑫　その他（　　　　　　　　　　　　　　　　　　　　　　　　　　　　　　）

56　他郷人の参拝等（該当するものをすべてチェックする）

①　遠くから祭を見にくる

② 遠くから正月に参拝にくる
③ 遠くからでもふだんよく参拝にくる
④ 遠くからでも結婚式、お祓い等に参拝にくる
⑤ その他（　　　　　　　　　　　　　　　　　　　　　　　　）

57 年間の祭の数

① 100以上ある
② 99～50ていどある
③ 49～10ていどある
④ 9～3ていどある
⑤ 2つある
⑥ 1つある
⑦ 1つもない

58 年間の特殊神事（民祭あるいは現在の標準的な神社祭式とは異なった独特の祭式次第・作法・儀式構成によって行われる古式祭）の数

① 10以上ある
② 9～5ていどある
③ 4～2ていどある
④ 1つある
⑤ 1つもない

59 ユニークな特殊神事の名称と特色

① 名称（　　　　　　　　　　　）特色（　　　　　　　　　　　　　）
② 名称（　　　　　　　　　　　）特色（　　　　　　　　　　　　　）
③ 名称（　　　　　　　　　　　）特色（　　　　　　　　　　　　　）

60 失われた特殊神事の数

① 50以上あった
② 49～10ていどあった
③ 9～3ていどあった
④ 2つあった
⑤ 1つあった
⑥ 1つもなかった

61 最近（10年以内）の祭の変化（該当するものをすべてチェックする）

① 古い祭を完全に保存している
② 古い祭を多少変化させた
③ 古い祭を大きく創りかえた
④ 古い祭を復活させた
⑤ 古い祭を廃止した
⑥ 新しい祭を創った

62 森の古い写真等とその印象

① 江戸時代の絵図がある（　　　　　　　　　　　　　）
② 明治、大正ごろの写真がある（　　　　　　　　　　　　　）
③ 昭和戦前ごろの写真がある（　　　　　　　　　　　　　）
④ 昭和20年代、30年代ごろの写真がある（　　　　　　　　　　　　　）
⑤ 昭和40～60年代ごろの写真がある（　　　　　　　　　　　　　）

00　調査を終わって

①　質問に答えられなかった内容の補足

〔　　　　　　　　　　　　　　　　　　　　　　　　　　　　　　〕
〔　　　　　　　　　　　　　　　　　　　　　　　　　　　　　　〕
〔　　　　　　　　　　　　　　　　　　　　　　　　　　　　　　〕

②　質問項目を修正または変更したほうがよいとおもわれる項目と内容

〔　　　　　　　　　　　　　　　　　　　　　　　　　　　　　　〕
〔　　　　　　　　　　　　　　　　　　　　　　　　　　　　　　〕
〔　　　　　　　　　　　　　　　　　　　　　　　　　　　　　　〕

③　調査の感想

〔　　　　　　　　　　　　　　　　　　　　　　　　　　　　　　〕
〔　　　　　　　　　　　　　　　　　　　　　　　　　　　　　　〕
〔　　　　　　　　　　　　　　　　　　　　　　　　　　　　　　〕

以上（文責　上田篤）

(No.　　　　) 植生調査票

(調査地)　県　郡 市　町 村　社寺名

図幅 1：5万　上 右 下 左

(地形) 山頂：尾根：斜面：上・中・下・凸・凹：谷：平地

(土壌) ポド性・褐森・赤・黄・黄褐森・アンド・グライ・凝グライ・沼沢・沖積・高湿草・非固岩屑・固岩屑・水面下

(人為要因)

(風当) 強・中・弱

(日当) 陽・中陰・陰

(土湿) 乾・適・湿・過湿

(海抜)　m

(方位)

(傾斜)　°

(面積)　㎡

(出現種数)

(階層)	(優占種)	(高さm)	(植被率%)	(胸径cm)	(種数)
I 高木層		～			
II 亜高木層		～			
III 低木層		～			
		～			
IV 草本層		～			
		～			
V コケ層		～			

(群落名)　年　月　日 調査者

	S	L	D・S	V	SPP.	S	L	D・S	V	SPP.	S	L	D・S	V	SPP.
1															
2															
3															
4															
5															
6															
7															
8															
9															
10															
11															
12															
13															
14															
15															
16															
17															
18															
19															
20															
21															
22															
23															
24															
25															
26															
27															
28															
29															
30															

植生調査票の様式　様式は使用者の便宜で多少違う点がある。
Sは階層、Lは生活形、D・Sは優占度・群度、Vは活力度。

おわりに

日本は「森の国」なのです。あるいは「森の国」だった、というべきでしょうか。

かつて日本が「森の国」であったことは、地層のなかで化石化した花粉の研究などを通じて、このごろ広く知れ渡るようになりました。

環境考古学者の安田喜憲さんによると、一万四五〇〇年前の後氷期に、日本ではブナ、ナラなどの大森林が形成されたが、そのころ、アメリカやヨーロッパの大部分は厚い氷に覆われていたそうです。欧米で森林ができたのは、せいぜい八〇〇〇年前です。すると、一万四五〇〇年前に世界ではじめて土器を製作し、三内丸山《さんないまるやま》遺跡などに見られるように木造の巨大記念物をつくった縄文人は、さしずめ「森の民」といっていいでしょう。

また、それは過去のことだけではありません。今日、世界各国の林野面積率をみると、日本は国土の三分の二の六六・四パーセントを占め、統計のある世界一三五カ国中では一二番目です。先進工業国では、フィンランドについで二番目なのです。ただし、フィンランドの森林密度は非常に低い。

ところが、今日、わたしたちには「森の民」という自覚はない。たとえば、書店の棚を見ても『日本の山』『日本の川』『日本の沢』『日本の海岸』などという本はズラリと並んでいても『日本の森』という本はありません。

また、日本の古い都である京都を例にとっても、昔「石田《いわた》の森」「神無《かみなし》の森」「雀《すずめ》ケ森」「塔《とう》の森」「梛《なぎ》の森」などの森が五〇以上もありましたが、現在、一般に京都市民に森と認識されているものは「糺《ただす》の森」と「藤森《ふじのもり》」の二つぐらいです。あとはほとんど消えてしまいました。

ではなぜ都市のなかから森がなくなってしまったのか。また、日本人の心のなかから森が消えてしまったのか。そこで改めて森とはなにか、を考えてみましょう。

森林ということばは、森と林からなっています。しかし、森と林は同じものではない。植物学者の四手井綱英さんによると「林は、多分に人工の加わった里山の山麓から平野部の森林を指している」のにたいして「森は深い森林に包まれた山、盛り上がった森林であり、神の住まいとしての自然の森林だった」のだそうです。

そしてこれは日本だけではない。イギリスでも森林にはウッドとフォレストがあり、ウッドはピーター・ラビットなどが遊ぶ軽やかな樹林であるのにたいして、フォレストはときには魔女も出てくるような重い感じのする森林をいいます。フランス語ではボアにたいするフォレーです。フォレストは、グリムやアンデルセンの童話にでてくる、しばしば恐ろしい世界なのです。

すると、日本人の心のなかから森が消えてしまったのは、日本人の心のなかから「森のなかの神」が消えてしまったことと関係があるのかもしれません。

では神とはなにか。本居宣長《もとおりのりなが》は「鳥獣木草のたぐい海水など、そのほか何にまれ、世の常ならずすぐれた徳ありてかしこき物を、カミとはいうなり」といっています。とすると、神、あるいはこのような神秘的なカミガミは「自然の威力」そのものではありませんか。それは日本人の心の底にある自然信仰を示すものといっていいでしょう。

たとえば鎮守の森のばあい、それは通常本殿とよばれる神殿と、その周りの樹木とだけで構成されているのではありません。山や川をはじめ、岩や木、草、土、それに虫、鳥、獣、それらが織りなす美しい眺め、面白い風景、厳粛な光景、さらに多くの考古学的遺物や遺跡、史跡、そして無数の神々とその社殿、小祠、霊跡などからなっているのです。

昔の日本人は、森のなかにそういうカミガミを見た。そして新しく村をつくるときには、村のそばの威厳のある森や、生活に必須の水源を涵養する森などをカミに見立てて、村の大事な集会をその森でおこないました。そうして国土と社会をつくってきました。

そういう鎮守の森は「土地の顔」「建築の顔」「植物の顔」「動物の顔」「神々の顔」「人間の顔」の「六つの顔」をもっている、とみられる多様な生活空間なのです。

ところが現在、日本の都市や町々の多くは、資本の利潤追求や人間の欲望達成の場と化し、醜悪このうえない様相を呈してきています。そうなったのも、近代都市が、こういう豊かな森を失ったからではないでしょうか。

そこでわたしたちは日本の森、すなわち神社の森、ウタキの森、寺院の森、塚の木立といった歴史的、自然的、かつ共同体的な樹林の保存と拡充を考えるため、一昨年の暮れごろから森の実態を知る「全国的な悉皆《しっかい》調査」のための「調査の手引き書」の作成に執りかかってきました。

ただ、以上のような「六つの顔」をもつという森の総合的な解析ははじめてのことであり、執筆者の数も多く、また執筆者相互の連携も十分とはいえないのですが、至らないところは今後の調査のなかで修正していくこととして刊行に踏み切ったしだいです。研究者、読者の皆さんからの忌憚のないご意見、ご批判をいただければ幸いに存じます。

また、調査をおこなうのは、学者、研究者だけではなく、一般市民、学生、さらには中学、高校の生徒の皆さんであることを想定して、できるだけ平易な記述を試みたつもりですが、なお難解な点があればお許しください。

なお、平成十四年一月ごろから、大津市、亀岡市、桜井市、吹田市などで、社叢学会員の手によって鎮守の森等の悉皆調査が始まっておりますが、本書の企画はこの調査に間にあわせるべくスタートしたのですが、諸種の事情により遅れてしまったことは残念です。ただ社叢学会としては各地の悉皆調査は今後とも一貫して続けていく方針ですので、本書がこれからの鎮守の森等の調査には大いに役立つでしょう。

最後に、本の制作にあたって多くの方々のご協力をいただきました。快く出版をお引受けいただいた文英堂の皆さんを含めて心よりお礼申しあげ、この本が、日本の森の再生に向けての大きな跳躍台になることを希ってペンをおきます。

平成十五年四月

（上田　篤）

〈本文執筆者一覧〉

田端　　修	大阪芸術大学教授
角野　幸博	武庫川女子大学教授
筧　　秀明	筧建築設計室長
澤木　昌典	大阪大学助教授
米山　俊直	大手前大学長
金澤　成保	大阪産業大学教授
久　　隆浩	近畿大学助教授
鳴海　邦碩	大阪大学教授
井原　　縁	京都大学大学院生
藤井　勝美	グランド・アルシュ代表プロデューサー
徳平　祐子	総合計画機構研究員
進士五十八	東京農業大学長
田中　充子	京都精華大学助教授
丹羽　英之	総合計画機構研究員
上甫木昭春	大阪府立大学大学院教授
押田　佳子	大阪府立大学大学院生
服部　　保	姫路工業大学教授
森本　幸裕	京都大学大学院教授
今西　純一	京都大学大学院生
渡辺　弘之	京都大学名誉教授
西方小百合	社叢学会会員
茂木　　栄	國学院大学助教授
島田　　潔	國学院大学講師
渡辺瑞穂子	社叢学会会員
斎藤ミチ子	國学院大学助教授
新井　大祐	國学院大学大学院生
薗田　　稔	京都大学名誉教授
新木　直人	賀茂御祖神社宮司
植木　行宣	京都学園大学教授
春田由貴子	総合計画機構研究員

（執筆順）

●監修者
上田正昭（うえだ　まさあき）
京都大学名誉教授。小幡神社宮司。社叢学会理事長。日本古代史・東アジア古代史専攻。
昭和二年生まれ。京都府出身。おもな著書に『上田正昭著作集』（全8巻　角川書店）。

●編者
上田　篤（うえだ　あつし）
京都精華大学名誉教授。社叢学会副理事長。建築学・都市計画学専攻。
昭和五年生まれ。滋賀県出身。おもな著書に『鎮守の森の物語』（思文閣出版）。

菅沼孝之（すがぬま　たかゆき）
元奈良女子大学教授。社叢学会副理事長。植物生態学専攻。
昭和二年生まれ。京都府出身。おもな著書に『大台ヶ原・大杉谷の自然』（ナカニシヤ出版）。

薗田　稔（そのだ　みのる）
京都大学名誉教授。秩父神社宮司。社叢学会副理事長。宗教社会学専攻。
昭和十一年生まれ。埼玉県出身。おもな著書に『祭りの現象学』（弘文堂）。

製作・協力　株式会社見聞社

身近な森の歩き方
――鎮守の森探訪ガイド

二〇〇三年五月二〇日　第一刷発行
二〇〇四年発行　第二刷版

監修者　上田正昭
編　者　上田　篤
　　　　菅沼孝之
　　　　薗田　稔
発行者　益井英博
印刷所　天理時報社
発行所　株式会社文英堂
東京都新宿区岩戸町一七　〒162-0832
電話　〇三(三二六九)四二三一(代)
振替　〇〇一七〇-三-八二四三八
京都市南区上鳥羽大物町二八　〒600-8691
電話　〇七五(六七一)三一六一(代)
振替　〇一〇一〇-一-六八二四

ISBN 4-578-12295-0 C 0020